事件行銷概論
原理與應用

Introduction to Event Marketing
Principles & Applications

林隆儀、張釗嘉 著

五南圖書出版公司 印行

本書特色

1. **寫作動機**：臺灣需要有「事件行銷」教科書，但是目前沒有，在學校講授這門課多年，苦於沒有教科書可用，引發寫作本書的動機。
2. **教學需求**：大學及研究所傳播學系、新聞學系、廣告學系、行銷學系、觀光學系、部分企管系，都有開設這門課，需要有一本完整的教科書。
3. **業界需求**：企業經常在辦活動，需要有良好「事件行銷」書籍供參考，廣告公司、公關公司、媒體公司、顧問公司，以及專門舉辦事件行銷的其他公司，都需要有這類書籍。
4. **本書特色**：以原理原則為經，以實務應用為緯，有系統的鋪陳與描述「事件行銷」的原理與原則，奠定本書的理論基礎。書中穿插事件行銷實際案例，理論與實務互相印證，增添本書的可讀性與趣味性，同時也增加本書的應用價值。每章章末安排有幾篇事件行銷應景文章，做為個案研究題材，列出幾個討論問題，引導討論，交流意見，增強記憶與體會應用。
5. **精要內容**：本書共十章，第一章緒論，討論事件行銷與行銷活動之間的關係。第二章介紹事件行銷的策略規劃，包括原理、方法、常用工具、規劃進行方式、成功祕訣。第三章至第九章，各介紹一種事件行銷，剖析各種事件行銷的內涵與舉辦要領。第十章，安排作者舉辦過的大型事件行銷案例，增加本書的參考價值。

6. **個案內容**：每章章末安排的應景文章

(1) 事件行銷遵循 STP 原則規劃

(2) 事件行銷走專業化路線

(3) 7W4H5P 事件行銷的關鍵

(4) 事件行銷扮演造勢大功臣

(5) 行銷造勢　造勢行銷

(6) 行銷造勢手法的演進

(7) 企業內部活動　事件行銷良好議題

(8) 馬拉松賽跑　事件行銷新寵

(9) 政策宣導事件行銷要領

(10) 善用 3S　提高效率

(11) 會展事件行銷兼具多重功能

(12) 事件行銷融入民間習俗

(13) 建醮大典的禮儀與傳承

(14) 品牌要素發酵　提升產品價值

(15) 品牌要素的策略價值

(16) 品牌與商譽的互補關係

(17) 品牌轉換四部曲

推薦序一

事件行銷更添勝算

早年企業主多專注本業，經營風格偏向含蓄內斂，對於自家產品的好，只能盼望透過「呷好逗相報」的口耳相傳廣為周知。不過這種等待伯樂顧客發掘千里馬產品的作法，已經無法應付現今「無處不行銷」的環境了。當前企業面對的選擇不再是「要不要做行銷」，而是「要怎麼做行銷」了。

即使要做行銷，放眼市場上各式各樣的行銷手法，即便是經驗豐富的行銷人才，也沒有把握一出手便能打中目標對象，達到預期效果。然而企業的行銷活動就只能亂槍打鳥，或是擲骰子碰運氣嗎？

社會在進化，行銷理念也隨之調整；行銷的對象是人，因此其中便有變與不變的法則。行銷組合4P——產品、定價、通路與推廣，已是行銷人員的ABC；實務上，也各自發展出更細緻的作為。尤其是推廣，已從媒體報導、廣告、人員推銷與促銷等傳統媒介，進化為各項活動的組合應用。

一早睜開眼睛，觸目所及盡是行銷活動，從早餐店的優惠組合、三倍券的加碼措施，到媽祖遶境或振興國旅方案等，規模性質或有不同，但其實都離不開「事件行銷」（Event Marketing）

的範疇。

對多數人而言，事件行銷是「知其然，不知其所以然」，常常在做，但不知道做的就是事件行銷，更不瞭解其原理原則與成功關鍵因素的內涵。從策略觀點來看，事件行銷不單是要把事情做對，更要求在對的時間、對的地點、對的方法、對的人，正確無誤地把事情做對。

事件行銷並不是新鮮事物，美國 Surrey 大學 Glenn McCartney 博士根據事件的不同性質，將之區分為運動行銷、文化行銷、藝術行銷、政治行銷、會展行銷、休閒行銷、特案行銷與私人行銷。

臺灣也有愈來愈多的企業採用事件行銷，作為提升企業形象、銷售產品的手段。不過以往事件行銷多僅限於實務界的討論，並未完全自傳統行銷學的大領域中獨立出來研究。同時，市面上有關事件行銷的書籍，也多以雜文式的個案簡述呈現，讓第一線的行銷人員，或欲一窺事件行銷堂奧的學生，難以獲得系統性的思考架構。

文化大學行銷所林隆儀副教授，職業生涯從企業基層員工開始，進而升任課長、企劃處長而至總廠長，具備高度企業經營企劃專業能力與歷練，並有多年講授事件行銷、活動行銷的經驗，實務與理論俱佳。

林博士苦於市面上卻找不到一本事件行銷的專業教科書供學

子研讀，遂以其深厚的學理素養，配合豐富的企業實務經驗，有系統地描述事件行銷的理論，並搭配實際案例，理論與實務相互印證，完成臺灣第一本相關領域的專書──《事件行銷概論：原理與應用》，不但兼具系統性、可讀性與趣味性，更具實務應用價值。

林博士的著作，必能讓一般消費者對日常生活中形形色色的行銷事件，有更深刻的體悟；對相關從業人員或有志投身行銷領域的學生而言，更能「知行合一」、「知其然，亦知其所以然」，增加實務操作上的勝算。

賴杉桂
崇越集團副董事長
臺北大學企管博士

推薦序二

事件行銷打動人心

亞利桑納州的馬里可波（Maricopa）醫學中心，是美國頂尖的醫院，但它不是國立或州立醫院，擁有有豐富的資源，它只是一家社區型醫院，所以大部分的資源，都要靠醫院的 MHF 基金會對外募集。

MHF 最大的募款活動，是透過「年度事件行銷活動」，也就是邀請亞利桑納州的名流富豪，參加年度募款餐會，醫院頂尖的醫師們，親自上臺說明，目前醫院最需要的儀器設備是什麼？金額是多少？再請名流捐款。這樣的活動，由於年年舉辦，募款率逐年降低，因此如何藉由更好的事件行銷，提高募款率，成為 MHF 最大的挑戰。

基金會因此決定將單向的「需求式事件行銷」，改為雙向的「體驗式事件行銷」，也就是將募款餐會的主角，由醫師改為醫治好的病人，讓他們用講故事的方式，訴說自己因為醫生高超的醫術，而重新擁有了健康的身體。其中一位年輕人，因意外而造成臉部整個錯位變型，在經過醫師的整治後，恢復了原本的俊美臉型，大家看了都一陣驚呼，讓六百位參加的名流富豪，感動不已，因此紛紛慷慨解囊，「事件行銷」的募款率更因此成長二倍以上。

善用「事件行銷」能讓大品牌，也能讓中小企業，在逆境中突破困境，創造一般行銷所達不到的成績，林隆儀博士是國內行銷權威，他觀察到目前消費者對單向的行銷廣告，接受度已沒那麼高，反而大家都喜歡參加「品牌日」或各式各樣新奇的、體驗式事件行銷活動，例如：他指出百貨公司的週年慶，已變成嘉年華會型的「事件行銷」，一次活動辦下來，年度業績也幾乎快達標了。

林博士的新書《事件行銷概論：原理與應用》，結合了理論與實務，是一本非常精彩又容易閱讀的工具性好書，尤其他應用最新的事件行銷理念，分析解說各產業的成功新案例，可以讓你得到最新觀念之外，更可以瞭解實務操作的精華，所以要做好事件行銷，這本書就會讓你功力非凡。

蔡益彬

故事品牌行銷顧問公司執行長

推薦序三

創議題・引趨勢・帶風向

在 SNS 蓬勃興盛的行銷環境裡，如何創造議題，如何引領趨勢，如何帶動風向，已經成為事件行銷的成功關鍵因素。

我個人認為事件行銷可以視為一種品牌的「策劃展演」：適時適地搭建一個舞臺、以行銷議題做劇本，拿商品為道具，邀消費大眾當演員，在設定的排程儀式下，進行一場演出。例如：7-11 的「飢餓 30」、樂事洋芋片的「真人夾娃娃機」、富邦金控的「臺北馬拉松」、荷蘭 ING 的「倫布朗快閃」、日本麒麟啤酒的「京都祇園祭」……等。

至於，議題設定的基本原則就是：「有題必作、小題大作、大題炒作、無題創作」。「創議題、引趨勢、帶風向」更是事件行銷的最高境界。

摯友林隆儀博士學富五車，著作等身，相關實務經驗積累深厚，加上勤於又樂於發表分享他的心得見解，是國內少見的行銷學術領域的「多產作家」。

現在，又將他近年來在大學裡任教「事件行銷」課程的授課內容，以原理原則為經，以實務應用為緯，編著成《事件行銷概論：原理與應用》的大作。

涉及的事件行銷面向包括：行銷造勢、企業活動、運動賽事、公共政策、會展活動、慶典活動、建醮大典等。本書共分十章，每章章末都安排應景文章與實務個案；第十章更將他個人親身主辦過的畢德麥雅大型品牌事件行銷案例，不藏私地鉅細靡遺娓娓道來，讓讀者可以像食譜一般得到大師的功夫真傳。全書可說是系統清晰、條理分明、架構嚴謹、而且是即席可用的事件行銷教戰範本，本人樂於鄭重極力推薦！

羅文坤

中國文化大學廣告學系前系主任

推薦序四

事件行銷　企業品牌形象再加碼

再次恭喜林隆儀老師又出版新著！而接連出版巨著，對社會及專業領域的貢獻更是偉大而深刻！

若我沒記錯的話，這是繼去年以來，林老師的第三本書了！這次也是置焦在企業經營及行銷策略管理的面向，更細膩地切入創意事件行銷，看問題的角度及解釋更加宏觀與獨到！

如前所述，這次林老師以事件行銷為主要內容，畢竟現今市面上全無這方面有系統的專著，是以，他將事件行銷的理論、策略及實務透過深入淺出的筆調及觀點，全面及深刻地進行剖析；包括以 STP 原則、7W4H5P 的巧思作為起手式，進一步說明事件行銷手法的演進與通盤的策略建構，並輔之以實務個案來搭配理論原則進行說明，討論及分析除了全面外，細膩的策略脈絡整理，更能讓讀者及企業主在短時間內便能掌握事件行銷的精髓，立即上手，為企業的品牌形象建立產生積極的效果。而其內容從多面向聚焦事件行銷策略，更可能讓讀者清楚地知道事件行銷的布局脈絡及思維是如何建構，瞭解此部分後便能進一步來探討企業在各種不同行銷作為中適合操作的策略建構，是非常全面且到位的分析架構。

在瞭解事件行銷策略理論原則後，林老師的巨著則分別討論各種類型的事件行銷活動，包括運動賽事、公共政策、會展活動、慶典活動、及特定產品事件行銷的個案分析，幾乎企業可能舉辦的相關事件行銷活動，林博士都以相當的篇幅來進行解釋與說明。藉由這些架構，企業便能按圖索驥，來規劃及操作相應的事件行銷活動，省力且省工；所以我們才認為林老師的每本巨著，都是業界人士的致勝寶典，畢竟他的論述皆以企業策略布局的觀點切入，強化實用性，當能順勢解決企業人士在操作面向所面臨的瓶頸，所以企業端都非常樂意向林博士請益，將其寶貴意見做為行銷策略的基礎。

本書深入淺出，論述精闢，強調理論與實務的融合，和其所著相關的書籍搭配來看，更能夠對企業經營與行銷作為產生更全面的瞭解，不僅從戰略建構面向能更具整體性，也能以戰略為基礎，落實有效且可執行的戰術作為，解決企業現今所面臨瓶頸，是以業界都稱林博士為「行銷大師」，其巨著都為企業爭相拜讀的祕笈寶典。

基於以上的特點，我非常樂意再為林老師的巨著作推薦，更相信這又確實是一本能協助企業獲利、專業人士實力精進的一本好書，特別是在這個瞬息萬變的行銷時代中。

鈕則勳

中國文化大學廣告學系　教授兼系主任

作者序

事件行銷或稱活動行銷，也有稱為事件管理，屬於行銷領域中非常專業的一門學科，原來被分散歸類在推廣活動中，雖然和行銷推廣或促銷活動各不相同，但是卻有著密不可分的關係。近年來由於經營環境詭譎多變，企業競爭愈來愈激烈，行銷造勢成為不可或缺的一項重要工作，於是許多公司紛紛將行銷造勢功能單獨劃分出來，應用整合行銷原理，整合推廣、廣告、促銷、公關活動，以及其他功能，拉高層次，操作議題，全面出擊，形成一門新興的事件行銷學科。

臺灣需要有國人著作的「事件行銷」、「活動行銷」教科書，可惜目前還沒有這樣的教本。作者在學校講授事件行銷多年，苦於沒有合適的教科書可用，因此參考國外資料，蒐集國內事件行銷案例，雙管齊下編寫教材。國外雖然不乏這類教本，但是寫作的方向與內容，各異其趣，過度分散，缺乏聚焦，而且案例清一色是國外案例，不見得能夠滿足教學及學生學習之所需，因為這個緣故，乃激起作者寫作本書的動機。

就教學需求的立場言，大學及研究所許多學系都開設有相關課程，儘管開課名稱不見得都相同，但是都聚焦於探討事件行銷的原理與應用，有些稱為「活動行銷」，有些稱為「活動企劃」，有些稱為「活動設計」，甚至有些稱為「活動管理」，不一而足。傳播學系、新聞學系、廣告學系、行銷學系、觀光學系（旅遊、餐飲）、部分企管學系，都有開設有類似的課程，因此需要有一本比較完整的教本。

再從業界需求的角度言，企業經常在辦活動，規模大小不一，有些是自行舉辦，有些是委託專業公司舉辦，例如：委託廣告公司、公關公司、媒體公司、顧問公司，或其他專業機構辦理。事件行銷是一門非常專業的學科，雖說人人會辦，但是要辦一場成功的事件行銷，就不是人人都能夠勝任。辦活動不但是一項非常專業的工作，而且競爭也非常激烈，需要有經過完整訓練的專業人才，具有豐富的籌辦經驗，同時也需要有良好「事件行銷」教本供參考。

本書定名為《事件行銷概論：原理與應用》，旨在為事件行銷這門課程開個好兆頭，期望收到拋磚引玉的效果。全書以原理與原則為經，以實務應用為緯，有系統地鋪陳與描述事件行銷應用到的原理與原則，奠定本書的理論基礎。書中穿插許多事件行銷實際案例，以期理論與實務互相印證，增添本書的可讀性與趣味性，以及增加本書的應用與參考價值。本書每章章末安排有作者在《經濟日報》發表有關事件行銷的應景文章，做為個案研究的題材，並列出幾個討論問題，引導討論，交流意見，增強記憶與應用效果。

事件行銷應用範圍非常廣泛，個人、家庭、組織、企業、政

府、非營利事業機構、選戰候選人，都在舉辦事件行銷，造勢議題幾乎沒有限制，事事都是事件行銷的題材。本書選擇普遍受到重視的議題，共撰寫十章，第一章緒論，討論事件行銷與行銷活動之間的關係。第二章論述事件行銷的策略規劃，包括原理、方法、常用工具、規劃進行方式與成功祕訣。第三章探討行銷造勢與事件行銷，突顯造勢在現代行銷的重要性。第四章至第九章，各介紹一種事件行銷及案例，深入剖析各種事件行銷的內涵與企劃要領。第十章安排作者舉辦過的一場大型事件行銷案例供參考。

同鄉摯友，臺北市政府研考會專門委員張釗嘉博士，是我教學與寫作經常請益的對象，從本書構思寫作方向與內容開始，提供很多寶貴意見與提點。更佩服他對我國民俗文化著墨甚深，蒐集豐富史料，關注家鄉埔里今年（2020）將舉辦十二年一次的建醮大典，熱誠提供建醮大典與事件行銷大作（第九章），分享地方民俗慶典盛事，宣揚建醮大典禮儀，增光本書篇幅，特此表達誠摯的謝意。

崇越集團副董事長賴杉桂博士，無論是在學期間或在職場服務，相知相惜，提攜有加，從公務機關轉任民間企業，擘畫崇越科技經營大計，事業有成，經營得意，屢創佳績，百忙之中惠賜推薦序文，為本書加持，謹致謝忱。

故事品牌行銷顧問公司蔡益彬執行長，經常交換意見，分享心得，啓發靈感，增強我教學與寫作的動能，慨允為本書寫推薦序文，畫龍點睛，謹此致謝。

文化大學廣告學系前後任系主任羅文坤教授、鈕則勳教授，鞭策砥礪，互相切磋，獲益良多，銘記在心，百忙之中惠賜推薦序文，洛陽紙貴，謹此致謝。

感謝我的老東家黑松公司張斌堂董事長，相知相惜，鞭策鼓勵，提供畢德麥雅 100% 藍山咖啡上市記者會珍貴照片，勾起回憶，增光篇幅。感謝臺北市孔廟管理委員會，慨允同意引用祭孔典禮程序與用意，宣揚禮儀，共襄盛舉。感謝中華民國路跑協會，惠予同意引用 2020 臉部平權運動臺北國道馬拉松競賽規則，充實運動賽事企劃內容。感謝《經濟日報》編輯的賞識與鼓勵，讓我長期在經營管理版開設兩個專欄：管理前哨站、行銷望遠鏡，發表經營策略與行銷管理的應景文章，分享讀者，獲得很多迴響。

林隆儀 謹識

2020 年 8 月 15 日

目　錄

推薦序一　事件行銷更添勝算　i

推薦序二　事件行銷打動人心　v

推薦序三　創議題．引趨勢．帶風向　vii

推薦序四　事件行銷　企業品牌形象再加碼　ix

作者序　xi

第 1 章　緒　論　001

1.1　前　言　002

1.2　事件行銷的意義、範疇與目的　003

1.3　事件行銷原理　006

1.4　事件行銷、促銷活動與公共關係的比較　011

1.5　事件行銷的重要性　012

1.6　事件行銷所創造的經濟價值　014

1.7　事件行銷的組織與成功要領　016

1.8　本章摘要　017

個案研究　019

第 2 章　事件行銷的策略規劃　025

2.1　前　言　026

2.2 策略規劃的意義與必要性 026
2.3 事件行銷策略規劃的步驟 029
2.4 事件行銷策略規劃常用工具 036
2.5 事件行銷策略規劃原則 042
2.6 本章摘要 046
個案研究 049

第 3 章 行銷造勢與事件行銷 053

3.1 前 言 054
3.2 行銷造勢的意義與必要性 055
3.3 哪些人需要行銷造勢 056
3.4 事件行銷造勢的時機 062
3.5 事件行銷造勢原則 066
3.6 「微風廣場貴賓之夜」事件行銷 070
3.7 本章摘要 071
個案研究 073

第 4 章 企業活動與事件行銷 081

4.1 前 言 082
4.2 經營理念與事件行銷 082
4.3 行銷觀念與事件行銷 084

4.4　組織結構與事件行銷　086

4.5　企業事件行銷企劃要領　088

4.6　企業內部事件行銷　090

4.7　企業外部事件行銷　093

4.8　本章摘要　096

個案研究　098

第 5 章　運動賽事與事件行銷　101

5.1　前　言　102

5.2　運動行銷的意義與分類　102

5.3　運動賽事的行銷組合　106

5.4　路跑運動賽事的參賽規則　109

5.5　路跑運動賽事的企劃要領　111

5.6　本章摘要　118

個案研究　120

第 6 章　公共政策與事件行銷　137

6.1　前　言　138

6.2　公共政策的意義與分類　139

6.3　公共政策行銷　141

6.4　防疫大作戰事件行銷　145

6.5 防疫作戰超前部署策略 151
6.6 防疫新生活 157
6.7 公共政策事件行銷教戰守則 158
6.8 本章摘要 161
個案研究 163

第 7 章 會展活動與事件行銷 169

7.1 前 言 170
7.2 會展的意義、目的與功能 171
7.3 會展行銷的意義與重要性 175
7.4 會展事件行銷原理 181
7.5 會展事件行銷企劃要領 182
7.6 會展事件行銷案例 185
7.7 會展事件行銷的績效評估 187
7.8 本章摘要 189
個案研究 191

第 8 章 慶典活動與事件行銷 195

8.1 前 言 196
8.2 慶典的意義與功能 196
8.3 影響慶典事件行銷的基本因素 200

8.4 慶典事件行銷的流程 206
8.5 祭孔大典慶典活動 207
8.6 媽祖遶境慶典活動 209
8.7 慶典事件行銷的評估 212
8.8 本章摘要 213
個案研究 215

第 9 章 建醮大典與事件行銷 225

9.1 前　言 226
9.2 建醮的意義與功能 226
9.3 建醮大典事件行銷的成功關鍵要素 231
9.4 建醮事件行銷的流程 235
9.5 埔里建醮大典傳承一百二十年 237
9.6 建醮大典事件行銷的評估 240
9.7 本章摘要 242
個案研究 245

第 10 章 畢德麥雅品牌事件行銷 249

10.1 前　言 250
10.2 畢德麥雅品牌事件行銷 251
10.3 目標市場分析 252

10.4 電臺：暖身活動 254
10.5 電視臺：漫步在咖啡館 255
10.6 遠赴牙買加研究藍山咖啡 257
10.7 舉辦咖啡高峰會 261
10.8 舉辦新產品上市發表會 261
10.9 上華視「世界非常奇妙」節目 263
10.10 事件行銷成果 263
10.11 本章摘要 264
個案研究 265

第 1 章

緒　論

1.1　前　言
1.2　事件行銷的意義、範疇與目的
1.3　事件行銷原理
1.4　事件行銷、促銷活動與公共關係的比較
1.5　事件行銷的重要性
1.6　事件行銷所創造的經濟價值
1.7　事件行銷的組織與成功要領
1.8　本章摘要
參考文獻
個案研究：1. 事件行銷遵循STP原則規劃
　　　　　2. 事件行銷走專業化路線
研討問題

1.1 前　言

行銷活動講究組合效果應，除了產品、定價、通路、推廣等四個基本要項的行銷組合，以及廣告、公開報導、人員推銷、促銷等四要素的推廣組合之外，也講究各項活動的組合應用，期望發揮相輔相成，衆志成城效果，有效能又有效率的達到行銷目標。

行銷環境詭譎多變，企業競爭愈來愈激烈，行銷工作要出類拔萃，需要彙集整合各種活動來共襄盛舉，爲行銷造勢，爲活動加持，創造輝煌佳績。現代廠商都領會行銷造勢的必要性，導致事件行銷的重要性與日俱增，紛紛把行銷活動拉高層次，擴大舉辦，加上頗富巧思的活動包裝藝術，以獨特事件行銷的姿態做整體呈現，提高活動的能見度，和消費者做深度溝通，建立良好的企業形象。

事件行銷主張從廣泛觀點思考，從實務角度出發，搭配各種媒體天衣無縫的配合，成爲行銷造勢的有效工具。企業經營和公司管理的許多活動，經過審愼規劃與巧思安排，都是行銷造勢的絕佳題材，然而題材雖多，活動不少，但是競爭激烈程度有增無減，行銷造勢要獲得成功，要靠獨特的創意取勝，只有獨特的創意才容易吸引消費者的注意力。

事件行銷在整體行銷活動中占有舉足輕重的地位，可以發揮挪移乾坤，施展助攻的威力，爲行銷創造加分效果，達到麻雀變鳳凰的境界。所以廠商都願意投入資源與心思，掌握社會脈動，迎合消費趨勢，配合各種媒體無孔不入的傳播力量，舉辦轟轟烈烈的事件行銷。

1.2 事件行銷的意義、範疇與目的

事件行銷已經有長久的歷史，早期的私人事件行銷採取保守主義，以家庭爲中心，抱持賺錢「不欲人知」的心態，默默行事，盡享獨樂樂的樂趣。農業時代雖然也有企業機構的事件行銷，但是受到觀念保守與交通不便的限制，範圍顯得狹隘，規模較小，而且以地方性活動爲主，例如：地方性市集、商展、慶祝活動。

現代企業事件行銷抱持做生意「唯恐人不知」的心態，主張衆樂樂，分享喜悅與成就，透過媒體的傳播功能，廣而告知。結合許多活動，彙集並包裝成大規模活動或全國性活動，拉高層次，小題大作，大肆宣傳，而且走專業化路線，把事件行銷操弄得有聲有色，使事件行銷成爲行銷活動的新寵。

事件（Events）是指人們私底下或公開慶祝的各種活動、儀式或值得紀念的日子或活動（註 1）。人們日常生活中遇到生日、畢業、獲獎、結婚、結婚紀念日、創業紀念日、新居落成，都要好好慶祝一番，至於慶祝方式有私底下、小規模舉辦者，有公司邀請親朋好友及來往廠商，共襄盛舉，擴大慶祝者。

事件行銷（Event Marketing）或稱活動行銷（Activity Marketing），從策略管理觀點言，事件行銷不只是要把事情做對（Do the things right），而是主張在對的時間、對的地點、用對的方法、任用對的人選，第一次就把對的事情做得正確無誤（Do the right thing right at first time, at right place, with right method, and by right people）。換言之，事件行銷是指企業有系統的規劃，擬定明確的計畫方案，透過組織的運作力量，操弄和當前社會關注的事件或議題，炒作及提高新聞價值，引起媒體、社會團體和消費大衆的興趣，進而激起

熱烈參與，目的在於提高企業商譽或產品知名度，達成產品或服務銷售目的的一種手段和方式。

質言之，事件行銷是在整合企業資源，透過具有企劃力與創造性的活動，結合當前最有魅力的議題或事件，使之成爲消費大衆關心的話題，因而吸引媒體的報導與消費者參與，進而達到提升企業形象及銷售產品的目的。

事件行銷也稱爲事件管理（Event Management），主張從更廣泛的角度審視事件行銷，顯然是一種多元而複雜的活動，包括行銷、財務、安全、風險管理、後勤管理、人力資源管理，以及其他領域的管理活動（註 2）。

企業事件行銷的範圍非常廣泛，普遍被應用在各種活動的推廣上，呈現方式五花八門，各有蹊蹺，名符其實的應用之妙，存乎一心。舉凡新產品上市，新廠房落成，新生產線投產，企業創業週年慶，通過各項認證，榮獲政府或公正單位頒獎表揚，和國內外知名企業締結策略聯盟，以及布達重要人事命令，舉辦大規模促銷活動與公關活動，業績獲得重大突破……，都會趁機操弄話題，創造新鮮感與刺激感，達到行銷造勢的目的。

事件的分類衆說紛紜，莫衷一是。美國 Surrey 大學管理學院博士，在旅遊業擁有豐富顧問經驗的 Glenn McCartney，認爲事件可以根據其獨特性質，區分爲運動行銷、文化行銷、藝術行銷、政治行銷、會展行銷、休閒行銷、特案行銷、私人行銷，不同事件各有不同的目的，如表 1-1 所示（註 3）。

表 1-1　事件行銷的範疇與目的

事件行銷的範疇	目　的
運動行銷	1. 各種運動、業餘或職業、贊助活動。 2. 參賽者之間的競爭。 3. 業餘或職業參賽者的競技。 4. 利益關係人高度融入的活動，例如：參與者、觀眾、贊助者、媒體、政府相關單位。
文化行銷	1. 各種節慶、文化、廟會等地方傳統民俗活動。 2. 宗教、文化與地方傳統的各種慶祝活動。 3. 具有多重目的的活動，例如：博物館、文化遺產景點、廟宇與教堂、城市與鄉村廣場、開放性草原。
藝術行銷	1. 音樂會、演唱會、各種表演活動。 2. 全國性、地方性音樂會與劇場表演、國際性畫展、手工藝、美術、雕刻、舞蹈、音樂、歌唱、時裝展示。 3. 值得慶祝的事件，例如：有關藝術方面頒獎典禮。
政治行銷	1. 全國性、地方性競選活動及政策行銷。 2. 國家或各級政府所舉辦的各種活動。 3. 展現軍隊實力的閱兵活動。
會展行銷	1. 會議、集會、展覽、激勵活動。 2. 公司激勵傑出員工，所舉辦的國內外表揚活動。
休閒行銷	1. 趣味性活動、户外活動。 2. 社交活動與競賽。
特案行銷	1. 新產品上市發表會。 2. 慶祝公司開幕或閉幕、獲獎等紀念活動。 3. 公司週年慶紀念活動、化裝舞會。 4. 基金會成立與慈善活動。

事件行銷的範疇	目　的
私人行銷	1. 生日、婚禮、結婚紀念週年、宴會，其他各種慶祝活動。 2. 喪禮、哀傷紀念活動。

資料來源：McCartney, Glenn, 2010, p.7。

1.3　事件行銷原理

事件行銷屬於行銷管理的一個重要支流，近年來備受重視，而且被應用得非常普遍，無論是政府機關、組織機構、公民營企業、非營利事業機構、公司行號，經常採事件行銷用來推廣業務、活動、產品、服務、構想、理念。事件行銷以往不是被涵蓋在廣告或促銷活動中，就是被隱藏在公關活動裡，由於投入的預算金額龐大，活動的能見度高，行銷效益備受肯定，近年來有單獨劃出，和廣告、促銷、公關、人員推銷並列爲推廣五大強項的趨勢。

事件行銷和行銷管理密不可分，兩者的原理也一脈相承，被廣泛應用於一般行銷管理的原理，同樣也適用於事件行銷，只是應用的性質、時機、範圍、規模、地域、期間，略有不同罷了。

1.3.1　行銷管理與事件行銷的關係

行銷管理重視行銷要素的組合應用，包括產品（Product）、價格（Price）、通路（Place）、推廣（Promotion），也就是一般所稱的行銷 4P's。推廣活動也講究組合應用效果，傳統上包括廣告（Advertising）、公開報導（Publicity）或稱公關（Public Relation, PR）、人員推銷（Personal Selling）、促銷（Sales Promotion, SP），近年來事件行銷廣受重視，愈來愈突顯其重要性，以致事件行銷有從傳統推廣組合中單獨畫出的趨勢，和以往四項推廣組合，並列爲推廣的五項組合。

行銷管理、推廣活動和事件行銷的關係，如圖 1-1 所示。

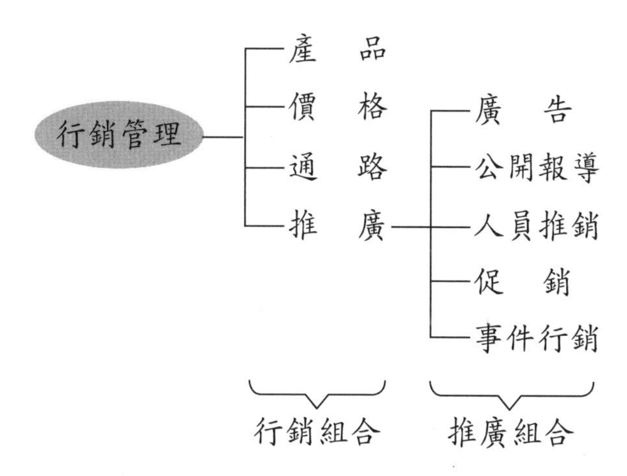

圖 1-1　行銷管理、推廣與事件行銷的關係

產業競爭愈來愈激烈，無論是產品、服務、理念或構想的行銷，愈來愈需要造勢宣傳，於是企業紛紛採用整合行銷策略原理，把事件行銷拉高層次，整合廣告、公開報導、人員推銷、促銷，以及其他活動，彙整爲高層次的特殊事件行銷，突顯事件行銷的重要性，如圖 1-2 所示。

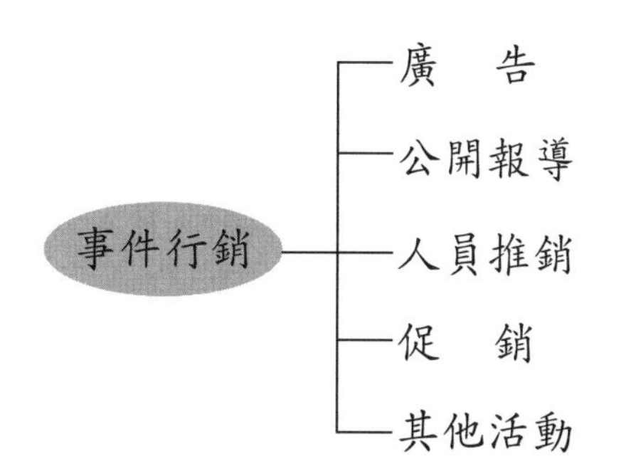

圖 1-2　現代事件行銷關係圖

例如：百貨公司週年慶，不再只是單純的週年慶促銷活動，而是結合廣告、人員推銷、公開報導、促銷、其他各種造勢活動，借用週年慶之名，大行公司造勢之實，成為創造亮麗業績的大型事件行銷。

1.3.2 事件行銷原理

事件行銷是行銷領域的重要支流，行銷學許多原理原則同樣也適用於事件行銷，只是比較偏重應用導向，重點在於活用這些原理原則，經濟有效的達到事件行銷的造勢目的。

1. STP 原理

事件行銷必須遵循 STP 原理，系統性思考，審慎規劃，按部就班，逐步執行，才會產生效益。STP 原理主張利用市場區隔技術（Segmentation），從區隔的市場中找到可能的正確市場，然後精準的鎖定正確目標市場（Targeting），接著發展正確定位（Proposition），才能夠精準的瞄準目標，達到彈無虛發的境界。

2. AIDA 原理

事件行銷就是在做行銷造勢活動，首先必須引起目標消費群對活動（事件）的注意力（Attention），接著引起消費群對事件產生興趣（Interest），然後進一步激起參與活動的強烈慾望（Desire），最後採取實際參與行動（Action），共襄盛舉。公司熟諳 AIDA 原理與應用過程，有助於達到事件行銷的目的。

3. AIETA 原理

有些產品或服務的行銷，消費者都需要經過一番審慎評估與實際試用，才能下定購買決策，此時就要採用 AIETA 原理，才能竟全功。汽車、機車、電腦、手機等耐久財，以及服飾、化妝品等時尚產品的行銷，除了採用上述 AIDA 原理之外，消費者還需要經過評估（Evaluation）與試用（Trial）才能下定購買決策。例如：試乘汽車、機車，試穿服飾，試用化妝品，甚至新捷運路線正式通車前，政府都會提供及安排一段時日的免費試乘活動，廣收宣導與廣告造勢效果。

4.4C 原理

生產導向時代的行銷重視 4P's 組合，站在廠商的立場思考，只要做出符合規格的產品，訂定有利可圖的價格，建構適當行銷通路，適度舉辦推廣活動，通常都可以達成行銷目標。消費導向時代的行銷，主張站在消費者（Consumer）的立場思考，所生產的產品必須迎合消費者的需求與期望；訂定的價格必須是消費者負擔得起，而且願意支付的價格；建構的行銷通路必須方便消費者購買；推廣活動必須講究和消費者進行雙向溝通。事件行銷旨在拉高行銷活動層次，和消費者進行深度互動，當然要採用 4C's 原理，站在消費者立場思考。

5.$4C_1$ 原理

數位化科技蓬勃發展的結果，消費者不但取得資訊愈來愈容易，同時也變得愈來愈精明。行銷進入數位化時代，主張廠商和消費者共同創造（Co-creation）客製化產品與服務，採取更合乎時宜的浮動定價（Currency）策略，共同激發（Communal）提供快速服務的方法，以及和顧客進行雙向對話（Conversation）。成功的事件行銷必須衡度實情，與時俱進，注入新能量，採用 $4C_1$ 原理，引用數位行銷方法，提升造勢活動的效率，增進整體行銷效果。

6.廣而告知原理

廣告旨在利用大眾傳播原理與工具，忠實扮演「廣而告知」的傳播與溝通角色，把產品、服務、理念、構想，傳達給廣大的視聽眾，在行銷過程中占有舉足輕重的地位。事件行銷不是要閉門造車，更不是在唱獨腳戲，而是要讓廣大的目標消費群眾知道與瞭解事件的內容與意義，進而吸引參與相關活動，因此公司在企劃事件行銷時，必須善用廣告與傳播原理，達到「廣而告知」的目的。

7. 創意取勝原理

現代行銷競爭非常激烈，行銷標的物的同質性愈來愈高，要突顯差異化的有效因子愈來愈不可求，唯有靠創意取勝才能登上成功行銷的大殿堂。事件行銷屬於高度專業的學科與技術，一般公司常缺乏這種專業人才，以致讓專業服務公司有施展抱負的機會。既使是專業服務廠商，也無可避免的要面對競爭激烈的局面與考驗，因此事件行銷企劃案的呈現，必須以創意取勝，只有創意最佳的企劃案，才能在比稿過程中贏得業主青睞的機會。

8. 綜合事件原理

現代事件行銷講究五種要項的組合應用，如圖 1-2 所示，無論是在企劃階段或執行階段，都必須本著綜合事件原理，除了個別活動項目必須各具有特色之外，各項活動緊密組合結果，必須足以發揮一加一大於二的綜效，這樣的事件行銷才有意義。

9. 整合行銷原理

現代行銷是一個講究整合行銷（Integrated Marketing）的時代，物理學上「合力大於各分力總和」的原理，深植在行銷人員的腦海裡。應用整合行銷原理，整合事件行銷所有可能的資源與力量，朝向公司所期望的目標，成爲活動企劃人員不能有所閃失的基本功課。

10. 相關性原理

事件行銷所整合的各種活動，不但必須和所要達成的目標有密切相關，個別活動之間也必須要有密切的關聯，這樣才能發揮聚焦效果。爲了辦活動而勉強辦活動，容易陷入失焦的深淵，事件行銷一旦失焦，不僅毫無意義可言，造成浪費資源，得不償失，就無法避免了。

1.4 事件行銷、促銷活動與公共關係的比較

傳統行銷採用單向行銷傳播手法，自說自話，忽略消費者的關注及參與，以致媒體和消費者的反應與效果不僅難以預測，甚至出現冷漠、排斥等現象。事件行銷視行銷爲公眾生活的一部分，主張將事件規劃成爲媒體感興趣，而且和消費者有切身關係的話題，使活動可以有效掌握，效果可以精準的預測與衡量。

事件行銷和促銷活動、廣告、公關有著密切關係，相輔相成，結合成爲威力更強大、效果更明顯的行銷活動。一般而言，事件行銷結合促銷、廣告、公關等活動，形成一種綜合性的大型活動。例如：百貨公司週年慶促銷活動，原來只是單純酬謝顧客的一種促銷活動，業者都會極盡全力的企劃，結合廣告、公關、人員推銷，以及上游廠商的資源與力量，刻意拉高層次，巧妙包裝成大型事件行銷，大肆推廣，提高銷售績效，塑造良好企業形象。

事件行銷、促銷活動與公共關係關係，可以從目的、標的、動機、對象、期間長短、範圍廣狹、舉辦規模、執行單位等八個項目觀察，一一進行比較，詳列如表 1-2 所示。

表 1-2　事件行銷、促銷與公關的比較

	事件行銷	促銷活動	公共關係
1. 目的	提升公司形象	增加產品銷售	維持良好關係
2. 標的	事件、活動	產品、服務	關係
3. 動機	自發性	自發性／因應性	自發性
4. 對象	特定對象	消費者、中間商	媒體、利益關係人

	事件行銷	促銷活動	公共關係
5. 期間	短暫	短暫	短暫
6. 範圍	局部地區	局部地區／全國市場	局部地區
7. 規模	小規模／大規模	小規模／大規模	相對小規模
8. 執行	自行舉辦／合作舉辦	自行舉辦	自行舉辦／合作舉辦

1.5 事件行銷的重要性

企業競爭愈來愈激烈，行銷活動愈來愈講究具有整合效果的綜效，以致有整合行銷傳播專業學科出現。以往企業經營環境相對單純與穩定，行銷 4P’s 中的產品、定價、通路、推廣，以及推廣組合中的廣告、公開報導、人員推銷、促銷，個別出擊通常都可以獲得滿意的結果。如今環境詭譎多變，靠單一活動的單打獨鬥，少有勝算的可能，代之而起的是講究活動組合的整合行銷。團結力量大，組合威力強，以致事件行銷在經營活動中占有舉足輕重的地位。

事件行銷的重要性可以從兩方面加以觀察，第一是行銷趨勢面，第二是媒體特性面。

1.5.1 行銷趨勢面

拜科技日新月異及數位行銷長足進步之賜，事件行銷融入科技與數位技術已經勢不可檔。科技發達的結果，產品生產與服務提供，已經不是問題，隨著競爭局勢升高，產品差異化愈來愈困難，產品生命週期愈來愈縮短，消費者需求愈來愈多元，競爭廠商愈來愈強勁，唯有拉高行銷層次，全面出擊，才有勝算的機會。此時扮演全面行銷角色的事件行銷，愈來愈突顯其重要性，自不待言。

現代消費者的需求隨著生活水準大幅提高，有著非常明顯的改變，購買焦點從產品性能、效用、價格等觀點，轉變為注重感覺、品味、價值等需求，使得廠商的行銷思維與策略產生革命性的變革，以致事件行銷扮演舉足輕重的角色。尤其是今年（2020）新冠肺炎疫情防疫期間，消費者大多選擇留在家裡，盡量減少出門，此時「便利」順勢成為購買決策的關鍵因素，腦筋動得快廠商紛紛推出服務到家的貼心服務，一時間外送服務廣受青睞，外送服務事件行銷成為防疫期間的新寵。

1.5.2 媒體特性面

媒體特性面泛指現代媒體產業隨著科技發達，許多新興媒體有如雨後春筍般的湧現，電子媒體與網際網路媒體就是其中的佼佼者。新興媒體的湧現，出現排擠效應在所難免，使得傳統媒體的重要性有逐漸失寵現象，儘管如此，電視、廣播、平面媒體、戶外媒體，仍然占有一定的地位與影響力。

媒體產業蓬勃發展，為企業行銷提供嶄新服務，收費標準也隨著水漲船高，以致廠商要和社會及顧客溝通，投資在媒體的預算相對提高，在所難免。媒體費用提高，使得企業經營成本隨著水漲船高，促使企業在行銷造勢方面，更需要審慎選擇正確而有效的媒體組合。

1.6 事件行銷所創造的經濟價值

人潮即錢潮，錢潮即商機，這是商場至理名言。事件行銷聚集人潮的功能，遠遠超越其他活動。人潮可以帶來龐大商機，促進地方經濟繁榮，自不待言。事件行銷所創造的價值可區分爲兩大類：有形價值（Tangible Value）與無形價值（Untangible Value）。有形價值是指可以用金錢具體衡量的價值，也稱爲經濟價值（Economic Value）；無形價值是指無法用金錢或其他指標具體衡量的價值，也稱爲非經濟價值（Non-economic Value）。

有些事件行銷如文化、藝術所創造的價值，無法用有形的金錢來衡量，但是可以確認的是其價值遠遠大於有形的經濟價值。大多數事件行銷都可以創造驚人的經濟價值，所以無論是政府或企業都趨之若鶩，競相爭取或舉辦事件行銷。

奧林匹克運動會，每四年在不同國家舉辦一次，但是遠在八年前就展開較勁活動，有意舉辦的許多國家競相爭取，絞盡腦汁，不遺餘力。雖然舉辦一場奧運會需要投入的金額非常龐大，但是所創造的經濟價值更龐大，有意舉辦的國家都躍躍欲試，很早就在準備，紛紛摩拳擦掌，使出渾身解數，志在必得。

根據福岡臺灣貿易中心所發佈的資料顯示，2020 東京奧運會所帶來的經濟效益高達 3 兆日圓，如再加上附加價值衍生商機 1 兆 4,210 億日圓，雇用所得衍生商機 7,533 億日圓，若將周邊效益也納入計算，預估衍生商機可達到 100 兆日圓（註 4）。由於受到新冠肺炎疫情的影響，2020 東京奧運會決定延到 2021 年舉辦，所創造的經濟價值仍然備受期待。

奔牛是西班牙非常特別的慶典活動，以激情與狂野事件行銷聞名全球的西班牙奔牛節，每年所創造的商機高達 10 億歐元。潑水節是東南亞國家每年重要的盛會之一，泰國更把單純的潑水節拉高層次，結合旅遊業和旅遊相關服務產業，包裝成人人引頸企盼的事件行銷，2019 年爲泰國旅遊業與旅遊相關服務產業，創造經濟價值高達 200 億銖。近年來光棍節購物成爲年底購物新風潮，中國電商平臺祭出特別優惠，2019 年網購營業額高達 2,866 億人民幣。

百貨公司擅長把週年慶促銷活動，拉高層次，擴大舉辦，結合促銷、廣告、公關、異業合作，操作成事件行銷。週年慶期間創造非常亮麗的業績，例如：遠東 SOGO 百貨公司，2019 週年慶首日創造 11 億元的業績。新光三越全臺 6 家店，2019 年週年慶首日衝破 15 億元的業績。

微風廣場每年母親節前夕，大陣仗的推出貴賓之夜活動，從當天傍晚 6 時至晚上 11 時，只有持貴賓證者方可進場，將原本單純的慶祝母親節活動，操作成「貴賓之夜」事件行銷。2019 年活動定名爲「亞洲瘋狂購物之夜」，成功的吸引瘋狂購物的人潮前來選購，一夜之間所創造的經濟價值超過 10 億元。

2017 年，臺北市政府舉辦世界大學運動會，短短幾天運動事件行銷創造產業關聯總效果高達 460 億元，產業關聯附加價值總效果 180 億元。2018 年，臺中市政府舉辦世界花卉博覽會，所創造的經濟價值高達 303 億元。此外，大甲鎭瀾宮媽祖遶境活動，堪稱爲我國最負盛名的民俗文化事件行銷，自願參與人數無計其數，盛況空前，九天八夜的遶境活動，創造的經濟價值高達 30 億元。

事件行銷經由直接收入、支援服務、提供就業、觀光等效益，帶來的商機與價值不計其數。蘇格蘭愛丁堡 Queen Margaret 大學商學、企業與管理研究所教授 Chris A. Preston 指出，英國愛丁堡市事件行銷所創造的經濟價值高達 4 億 940 萬英鎊，如圖 1-3 所示（註 5）。

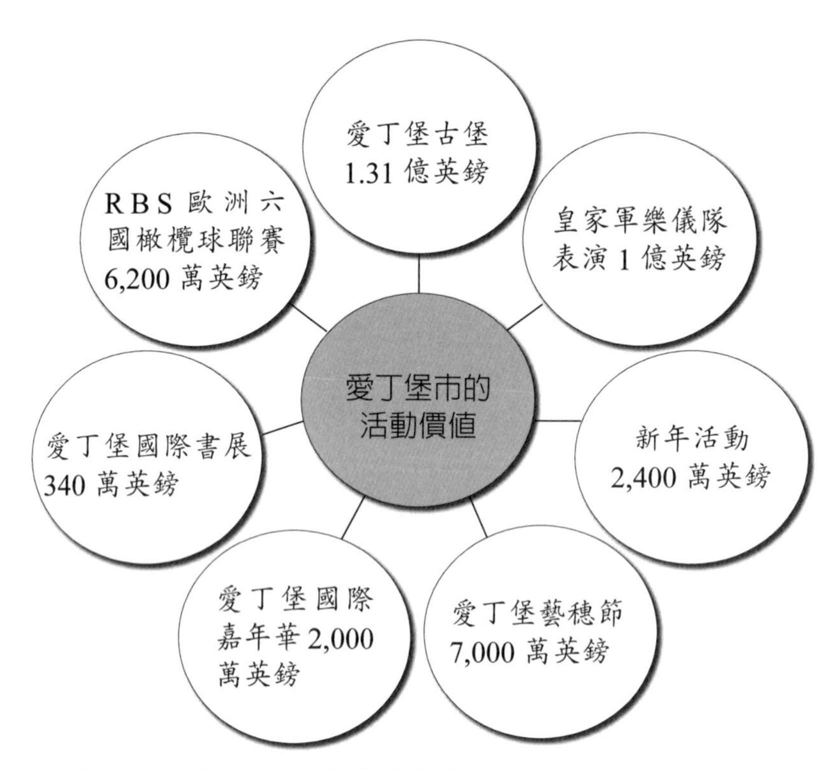

圖 1-3　英國愛丁堡市事件行銷所創造的經濟價值

資料來源：張明玲譯，Preston, Chris A., 著，活動行銷，頁 43。

1.7　事件行銷的組織與成功要領

事件行銷帶有一定程度的專業性，加上所牽涉的範圍非常廣泛，常非單一專業公司所能竟全功，更不是一般公司的行銷人員所能勝任。

一般公司的行銷部門、企劃部門、廣告部門、公關部門，都設有專人負責事件行銷的規劃、聯繫、評估、甄選及管理工作，至於實際執行作業通常都委由專業公司執行。

專業公司有多種類型，例如：廣告公司、公關公司、媒體公司、市調公司、事件行銷公司、顧問公司，都有提供事件行銷企劃與執行等服務，這些專業公司各有專長與能耐，並非樣樣精通。他們接獲業主的企劃邀請案時，都會絞盡腦汁，竭盡心力，根據業主的需求提出最完美、最有創意的事件行銷企劃案，參與比稿並做簡報。比稿勝出者再和業主進一步討論及修訂執行細節與預算，然後簽訂合約據以執行。

事件行銷涉及多重層面，困難度比一般產品行銷或廣告、公關，有過之而無不及。一般而言，事件行銷成功的要領，可以歸納如下：

1. 整合資源，做策略性、前瞻性規劃。
2. 掌握社會脈動，瞭解市場消費趨勢。
3. 善於和媒體溝通，建立起互信關係。
4. 激起媒體競相報導，消費者群起效尤。
5. 話題簡單，活動精緻，爲大衆所關心。
6. 發揮消費者口耳相傳，媒體助威效果。
7. 結合廣告、促銷、公關，全方位出擊。

1.8 本章摘要

現代企業打的是整體戰，單一行銷功能常難以竟全功，加上競爭愈激烈，事件行銷愈突顯其重要性，以致成爲現代企業從競爭中脫穎而出的重要法寶。事件行銷範圍廣泛，表現五花八門，企劃創意成爲決定活動成敗的關鍵。

事件行銷強調互動行銷，廠商在企劃活動內容時，需要把吸引顧客參與納入其中。事件行銷建立在科學的基礎上，科技發達與數位技術進步，助長事件行銷的效益大幅提升，然而科技應用之妙，存乎一心，廣大利益關係人的需求各不相同，事件行銷的手法需要順應時勢，隨之調整適應，因爲事件行銷不只是一門科學，也是一種藝術的應用。儘管事件行銷具有專業性，但是事件行銷管理並非高不可攀，管理過程可以有系統的學習。

本章論述事件行銷的基本原理，介紹事件行銷的意義與目的，事件行銷和行銷管理的關係，提出事件行銷 10 大原理，事件行銷的重要性，及其和促銷活動與公共關係的比較，事件行銷所創造的經濟價值，以及事件行銷的組織與成功要領。

參考文獻

1. McCartney, Glenn, 2010, Event Management: An Asian Perspective, McGraw-Hill Education (Asia), p.6.
2. 同註1，p.6。
3. 同註1，p.7。
4. 福岡臺灣貿易中心，臺灣經貿網，商情快蒐，2013年11月6日，「2020年東京奧運」衍生商機值得期待。
5. 張明玲譯，Preston, Chris A.,著，2014，活動行銷，第二版，頁43。

1. 事件行銷遵循 STP 原則規劃

事件行銷大都屬於大型活動，項目相當分歧，目的非常多元，有志在塑造及提升組織形象者，有聚焦於衝高營業績效者，有專注於宣告新產品或新服務上市者，有訴求運動賽事及娛樂活動者，有候選人用來主打選戰造勢者，有政府相關單位用來宣導政策與政令者，不一而足。

大型活動需要投入很多資源，包括有形的人力、財力、物力，以及無形的形象、聲譽、關係，以致主辦單位都有「只許成功，不許失敗」的決心，因此事前的策略規劃就顯得特別重要。及早規劃，集思廣益，充分準備，有備無患，才能圓滿達成目標。誠如《中庸》第二十章所云：「凡事豫則立，不豫則廢；言前定，則不跲；事前定，則不困；行前定，則不疚；道前定，則不窮」。

策略規劃主張應用科學的 7W3H 法則，精心設計及妥善安排事件行銷活動流程中各個項目的細節，期使整個活動按照計畫順利進行。「活動」本身就是事件行銷的標的，和一般產品行銷有著明顯的差別。事件行銷主要是在行銷令人嚮往的經驗，以及留下難忘的感覺與回憶，例如：參加一場國際馬拉松賽跑，當到達目的地（終點）那一剎那的成就感與榮譽感，絕對不是一個紀念獎牌所能形容。

事件行銷策略規劃至少涵蓋 6 個要項，這 6 個要項的英文字都以

P開頭，俗稱6P，即人員（People）、地點或路線（Place）、流程（Process）、產品（Product）、價格（Price）、宣傳（Promotion）。只有思慮周全，完整規劃，面面俱到，才能吸引人們踴躍參與。

事件行銷規劃必須遵循STP原則，首先區隔（Segmentation）及辨識市場的性質與特徵，從中選擇所要進入的目標市場（Targeting），然後思考及發展活動的正確定位（Positioning）。接著訂定活動所要達成的目標，以及達成目標所要採取的策略。這一連串作業流程，動見觀瞻，茲事體大，規劃品質會影響整個活動是否能夠順利進行，以及是否能夠達成目標。

事件行銷愈來愈競爭，有效的策略規劃必須從分析及辨識主要競爭者開始。競爭者可以區分為直接競爭者與間接競爭者，前者為舉辦類似活動，爭取相同顧客的廠商，例如：百貨公司舉辦的週年慶活動，演藝人員競相舉辦演唱會，近年來到處都在舉辦馬拉松賽跑。後者是指舉辦不同類型活動的廠商，例如：台塑關係企業每年舉辦員工運動大會，王品集團鼓勵員工挑戰登玉山攻頂，富邦人壽、維他露公司每年都舉辦路跑活動，學校開學季期間，各校紛紛舉辦遊園會。

事件行銷必須兼顧內部行銷和外部行銷，不可偏廢，才不致留下遺珠之憾。事件行銷是一種需要發揮團隊精神的活動，光靠行銷部門少數人員的力量無法竟全功，尤其是大規模的活動需要全員一起來，才能發揮眾志成城效果。內部行銷旨在達成內部共識，目標一致，分工合作，協力達成目標。外部行銷除了考慮目標消費群之外，還要考慮廣大的利益關係人，例如：邀請的長官、貴賓、民意代表、地方仕紳、贊助廠商、媒體記者。利益關係人如何邀請，接待規格，接待流程，接待人員的安排……，必須做到鉅細靡遺，圓融美滿，增添活動的榮耀性與可看性。

策略貴在可以理解，而且具有可行性，公司所規劃的事件行銷方案，必須要「可行」，然後才能「銷售」出去。縝密規劃還得包括權變方案，也就是要有替代方案，以因應外界環境的變化，例如：晴天或雨天，申請的路權若有變化，長官或貴賓未能如期蒞臨，甚至參與人數不如預期……，都必須要有因應方案。

基於「只許成功，不許失敗」原則，事件行銷完成規劃後，必須再三檢視，再三推敲，只有演練、演練、再演練，才是確保完美演出的最佳辦法。

（原發表在 108 年 5 月 1 日，經濟日報，B4 經營管理版）

2. 事件行銷走專業化路線

事件行銷又稱為活動行銷，俗稱「辦活動」。傳統觀念認為辦活動誰都會，所以主張自己辦，無需假手他人。大小活動自己張羅，不但迎合實際所需，而且也符合經濟實惠原則，無論是個人、家庭、社團、組織、企業活動，都力行 DIY。

隨著時代變遷，加上科技進步，活動花樣愈來愈多元，內容呈現也愈來愈精彩，帶動人們觀念大幅改變，以致活動需求愈來愈殷切，事件行銷成為商場造勢不可或缺的重要活動。曾幾何時事件行銷專業知識與技術廣受重視，「知識就是力量，技術凌駕一切」被奉為新時代行銷的圭臬。基於專業分工及提高效率原則，人們都不會自己張羅日常生活所需要的各種產品或服務，於是標榜提供專業服務的廠商乃應運而生，事件行銷走專業化路線也因此而水到渠成。

事件行銷看似簡單，實則不易，雖然說大家都會辦活動，但是要辦一場成功的事件行銷，其間潛藏著許許多多專業知識與技術，這就不是人人都能勝任了。事件行銷規模無分大小，地域不分國內外，活動內容講究豐富而有意義，突顯創意與巧思，過程面面俱到，力求完美無缺，為產品型塑美好印象，為公司創造良好形象，活動的每一個細節都不容有任何閃失，不希望因為不完美而空留遺憾。

任何事件的行銷都有其專業考量，這些考量會隨著時代進步而有所改變，因此需要溫故知新，與時俱進，講究科學，注入新創意，力求差異化，締造新成果；有些活動牽涉到傳統禮俗，還必須遵循傳統，尊重禮俗。要做到重視創新，尊重禮俗，其中潛藏著無數專業知識、技術與Know How，在DIY容易出現力有未逮的情況下，通常都會求助於專業廠商，委由公關公司、整合行銷公司、行銷研究公司、活動企劃公司、顧問公司協助企劃與執行。

事件行銷的專業要求程度很高，常非個人或一般公司所能勝任，從婚禮到企業各種活動，幾乎沒有例外。例如：婚禮當天的活動，從迎娶到宴客，細節鉅細靡遺，各有偏好，也各有禁忌，需要充分溝通，專業規劃與預演，更重要的是不能忽略某些禮節與習俗，通常都安排有媒人、新娘祕書、司儀專業引導，希望整個婚禮流程順暢，而且按時辰進行，討個好吉利，留下幸福、美好回憶。現代人平時忙於工作，沒有足夠時間與專業知識籌辦這種一輩子一次的歡樂喜宴，況且熟諳這些禮節與習俗的人愈來愈少，無形中給專業籌辦婚禮的公司有發揮的空間。

現代企業都希望藉助舉辦活動來增加曝光度，以便廣泛和社會大眾溝通，爭取認同、支持與青睞，例如：週年慶、新產品發表會、展覽會、新商場開幕、尾牙晚會、股東大會、企業運動大會……，都希望藉助事件行銷達到造勢與溝通目的。企業造勢活動專業程度之高，常出乎人們的意料，一般公司不是專業知識不足，就是缺乏辦理活動的專業人才，要成功達到造勢與溝通目的，通常都委由專業公關公司或顧問公司代勞。

提供事件行銷專業服務的廠商也相當競爭，專業廠商都是身經百戰的個中高手，服務核心聚焦於以創意與合意取勝，在突顯創意之餘，還必須迎合顧客的旨意與喜好。因此必須和顧客充分溝通，瞭解真正需求與期望，然後精銳盡出，腦力激盪，使出全力，發想並提出最完美、精緻的企劃案，包括活動主題與內容、呈現方式、時程與流程、預期成效、資源與預算，透過生動而精彩的簡報與溝通，期望在比稿競爭中脫穎而出。

（原發表在108年3月21日，經濟日報，A21經營管理版）

研討問題

1. 成功的事件行銷和所操弄的議題息息相關，行銷消費品的公司可以選擇操弄的議題非常多，請從廣義的角度選擇五項議題並討論之。
2. 事件行銷是公司造勢的良好工具，請問公司選擇新產品上市行銷造勢時，需要掌握哪些重要原則？
3. 事件行銷可以創造龐大的經濟價值，請分別訪問臺南市政府和臺東縣政府，評估及討論2019年元宵節舉辦鹽水蜂炮、炸寒單民俗節慶事件行銷，所創造的經濟價值及衍生商機。
4. 事件行銷屬於高度專業化的一種活動，需要藉助外界專業機構的協助，假設你奉命正要籌辦一場大型校際運動賽事，你會尋求外界哪些專業機構提供哪些協助？爲什麼？。

第 2 章

事件行銷的策略規劃

2.1　前　言

2.2　策略規劃的意義與必要性

2.3　事件行銷策略規劃的步驟

2.4　事件行銷策略規劃常用工具

2.5　事件行銷策略規劃原則

2.6　本章摘要

參考文獻

個案研究：7W4H5P事件行銷的關鍵

研討問題

2.1 前 言

《論語》衛靈公篇，子貢問爲仁，子曰：「工欲善其事，必先利其器」，工具選對了，工作成功一大半。策略是在做對的事，用對的方法，走正確的路，創造滿意的成果。策略首重領導，領導者扮演事業領導的角色。策略管理原理告訴我們，領導者必須具備過人的智慧、眼光、勇氣與能力，不但要熟諳把對的事做得正確無誤的方法，走對的路，同時還要指引團隊也採用對的方法，朝正確方向邁進。

事件行銷所投入的資源龐大，在整個行銷活動中占有舉足輕重的地位，對行銷績效或企業／組織經營，都會產生有重大影響。這麼重要的活動，不能說辦就辦，想到什麼就做什麼，更不能人云亦云，依樣畫葫蘆，而是要有整體性的策略思維，重視愼始的功夫，從大處著眼（策略方向），小處著手（戰術計畫），應用科學方法，有系統的規劃所要舉辦的活動項目，詳細計畫各項活動的執行細節，達成全員共識，上下一心，然後按部就班的落實執行，把公司有限的資源用在刀口上，經濟有效的達成目標。

本章從高階管理的觀點，討論事件行銷策略規劃的相關議題，包括重要性與必要性，事件行銷策略規劃的步驟，常用的工具，以及成功關鍵因素與祕訣。

2.2 策略規劃的意義與必要性

《孫子兵法》謀攻篇云：「上兵伐謀，其次伐交，其次伐兵，其下攻城」。伐謀就是善用策略，使敵人屈服，這是用兵的上上之策；

至於下下之策則是短兵相接，以攻取城池爲作戰目標。

軍隊作戰首重戰略，再論戰術，高瞻遠矚的戰略，指引正確方向，加上天衣無縫的戰術配合，貫徹命令，務實執行，才可以達到攻無不克，戰無不勝的境界。從組織層級觀點言，戰略屬於總司令的職責，居高臨下，瞭若指掌，指揮若定，勝券在握。戰術屬於技術性課題，也是第一線官兵最重要任務，技術高超，戰術精湛，攻擊精準，彈無虛發，命中目標，無庸置疑。質言之，上下一心，目標一致，戰略領導戰術，務實達成目標，這是策略管理的最高境界。

策略（Strategy）是一種具有前瞻性、政策性、普遍性、指導性的高階管理功能。根據國語辭典的解釋，策略泛指政治計畫的文書。策略不只是要把事情做對（Do the things right），更重要的是要任用對的人，選擇在對的地點，應用對的方法，第一次就把事情做得正確無誤（Do the right things right at first time, at right place, with right method, and by right people）（註 1）。

國際知名學者分別爲策略做了明確的定義，Hill, Schilling and Jones 認爲策略是經理人爲提高公司經營績效，所採取的一組相關行動（註 2）。司徒達賢將策略定義爲企業經營的形貌，以及在不同時間點，這些形貌改變的軌跡，包括經營範圍與競爭優勢等重要而足以描述經營特色與組織定位的項目（註 3）。

策略規劃（Strategic Planning）旨在辨識及分析企業所面臨的經營環境，可能帶來的機會與威脅，以及衡量企業本身的優勢與弱勢，然後據以規劃爲何及何去何從的經營藍圖（註 4）。引伸而言，策略規劃主張現在就決定未來要做什麼、如何做、由誰做、何時做、在何處做、做到什麼境界、投入多少資源，以及資源分配等重要經營課題。

許士軍等人指出，策略規劃旨在創造出公司使命、定義、目標計畫、以及特殊策略發展的行動，包括四種特性：(1) 公司各階層經理人都會參與，(2) 牽涉到公司大量資源的配置，(3) 目標焦點在於長期的規劃，(4) 處理公司與環境之間的互動（註 5）。

前副總統呂秀蓮女士，2007 年 3 月 17 日接受經濟日報專訪時指出，策略規劃不只是企業的大事，也是國家的重大策略，必須謹守 3 B、3 C、HBC 原則（註 6，註 7）。

3B 優勢原則：Global Brain（全球人才）。
Global Brand（全球品牌）。
Global Bridge（全球連結）。

3C 概念原則：Co-existence（和平共存）。
Co-operation（分工合作）。
Co-prosperity（互助共榮）。

HBC 願景原則：Happiness（快樂）。
Health（健康）。
Beauty（美麗）。
Culture（文化）。

策略具有專屬性與獨特性，必須量身訂製，才能和所結合的相關作業發揮縝密的配適（Fit）效果，而不是人云亦云可以奏效，更不是模仿可以竟全功。《中庸》第二十章有言：「凡事豫則立，不豫則廢」，策略規劃就是在做「豫」的工作，有充分的準備，超前部署，領先作業才會有成功的勝算。

組織是一個開放系統，必須不斷吸收新能量，引進新資源，禮聘眞正人才，迎合時代變遷的需要，才能逐漸成長壯大，此時策略規劃扮演重要角色。策略規劃的必要性及其功能，可以從下列方向觀察得知。

1. 企業必須不斷注入新能量，才能防止熵效應（Synergy Effects）。

2. 企業追求的是既有效率，又有效能的經營，必須要有周全的策略規劃。

3. 企業要同時滿足股東和利益關係人的期望，需要有整體性的策略規劃。

4. 企業要發展持久性競爭優勢，享有超常獲利能力，策略規劃不可或缺。

事件行銷是企業重大的活動，投入資源龐大，影響層面廣大，具有「只許成功，不許失敗」的使命感，需要有超越一般企業功能的策略性規劃。企業或主辦單位都會抱定全力以赴的決心，從策略觀點出發，整體思考，審慎規劃，第一次就把所有相關細節考慮清楚，做最完整的結合，最完美的演出，以期達到期望的造勢目標，型塑企業良好的形象。

2.3 事件行銷策略規劃的步驟

策略是組織達成目標的手段，這種手段要善用科學方法，運用及發揮組織資源的優勢，彌補其弱勢，同時掌握環境變化所可能帶來的機會，迴避可能面臨的威脅，務實做到趨吉避凶，以逸待勞，四兩撥千斤的境界。

人心不同，各如期面。人們都存在有個別差異，組織也不例外。組織的設立與運作，各有其特色與優缺點，隨著國籍、地域、產業、規模不同、經營者的個性與喜好，而有很大的差異。具體而言，任何組織所具有的優勢（Strengths）與劣勢（Weakness），所面對的機會（Opportunities）與可能的威脅（Threats），各異其趣，因此策略必須量身定做，考量組織的個別需要，才能做到完美的適配。

策略規劃的目的是要具體改造公司所經營的各個事業或產品，整合公司旗下所有的有形資源與無形資源，在經濟有效的前提下，達成公司的目標，創造超常利潤。

事件行銷策略規劃必須應用科學方法，按部就班，循序漸進，設計一套合理流程，按照一定步驟逐一規劃，然後一一落實執行。事件行銷策略規劃和一般策略規劃相仿，流程及步驟如下（註 8）。

1. 啓動初始規劃作業。

2. 界定及引導組織之價值與基本原則。

3. 定義組織願景與任務。

4. 決定所要達成的目標與策略。

5. 進行政策重要關係人分析。

6. 執行組織內外部環境分析。

7. 務實分析組織的優點與缺點及機會與威脅。

8. 誠實指出策略可能的缺口。

9. 各單位或部門研擬執行計畫。

10. 彙整詳細計畫。

事件行銷和策略管理相比較，事件行銷的管理位階相對比較低，所涉及層面比較狹隘，牽涉的範圍也比較狹小，因此事件行銷的策略規劃相對比較單純，過程也比較精簡。事件行銷策略規劃主要偏重 SWOT 分析，包括企業外部分析中的總體環境分析、個體環境分析，企業內部分析中的公司優勢與劣勢分析，以及公司獨特能耐分析。

企業外部分析架構，如圖 2-1 所示（註 9）。

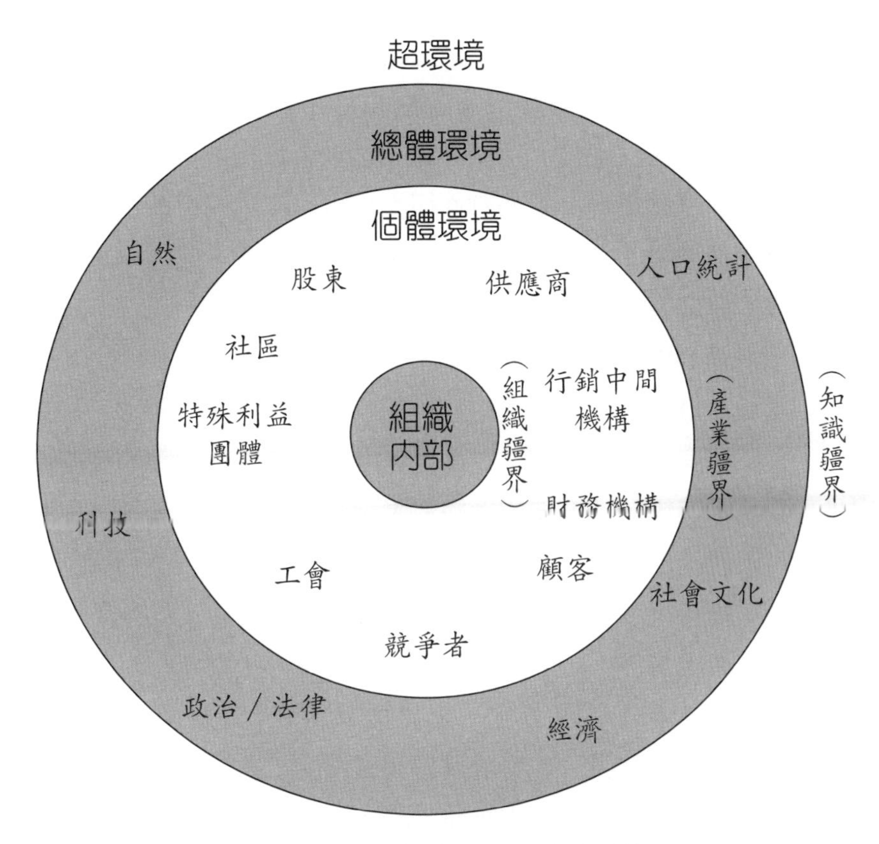

圖 2-1　企業外部之分析架構

資料來源：林建煌著，策略管理，2017，頁 104。

1.總體環境分析

環境分析通常都從外部環境開始著手，外部環境包括總體環境與個體環境。總體環境（Macro-Environment）又稱爲一般環境（General Environment）或稱爲大環境。總體環境是指外部環境因素中任何一項產生變化，對所有產業與企業都會構成影響，甚至連個人都會受到影響；總體環境因素包括政治、經濟、社會、法律、科技、競爭、自然環境、國際環境等（註 10）。

企業在生態環境下，執行各項經營計畫與活動，猶如在一把巨大的保護傘之下運作，這一把傘不是企業或經營者所製作，也不是管理者可以控制，但是經營者和管理者都非常在意這一把傘是否堅實可靠，是否持續具有「保護」功能。質言之，企業在進行事件行銷策略規劃之前，對總體環境必須要有適切的分析與深入的瞭解，才能因爲充分瞭解周遭環境，進而做到趨吉避凶，以逸待勞，四兩撥千斤，經濟而有效的達成目標。

新冠肺炎疫情屬於外部環境之一，受到新冠肺炎病毒（COVID-19）蔓延全球的衝擊，各國政府紛紛宣告暫時封城、鎖國，管制人員流動，防堵病毒入侵，防止人員受到感染。有幾個國家的政府重要官員受到病毒感染，一度造成世局緊張。各國經濟受到重創，經濟嚴重衰退，政府祭出紓困方案，緊急救援，股市暴跌，市值蒸發，無一倖免。企業經營也受到嚴重的影響，大企業縮減規模，供應斷鏈，復工不成，生產線告停，紓困方案遲遲未能到位，企業運作陷入困境。中小企業苦撐未果，資源耗盡，未見援軍到來，造成歇業潮接連不斷，減班休息處處可見，吹熄燈號者與日遽增。

同樣受到新冠肺炎疫情的影響，許多大型事件行銷，不是被迫停辦，就是延後舉辦，或是改變舉辦方式。例如：全球引頸企盼的東京奧運會，決定延到 2021 年舉辦。許多運動事件行銷被迫改爲現場無觀衆觀賽的方式，沒有啦啦隊臨場加油的場景，棒球賽、籃球賽、排球賽、壘球賽、羽球賽，賽事雖然照常舉辦，但是觀衆席上卻是空無一人。一年一度的宗教界事件行銷，媽祖遶境盛事，也因爲受到疫情的影響，被迫延後舉辦。母親節請媽媽吃大餐的孝親群聚活動，紛紛改變感恩方式，不是改贈送紀念品，就是在家慶祝。

2. 個體環境分析

個體環境（Micro-Environment）又稱爲產業環境（Industrial Environment），是指外部環境因素產生變化，只會對某些產業構成影響，不見得會影響到其他產業。例如：半導體產業有新廠商進入或退出，會影響半導體產業的競爭生態，但是不見得會影響其他產業。又如鋼鐵製品外銷受到反傾銷稅的衝擊，會直接影響鋼鐵產業的經營，不致於會直接影響其他產業。

個體環境分析所要分析的項目，包括企業所面對的廣大利益關係人，例如：員工、股東、顧客、供應廠商、產業工會、競爭廠商、財務金融機構、行銷促進機構、社區、特殊利益團體（註 11）。

(1) 員工：產業人力資源的來源，招募難易程度，能力素質高低。

(2) 股東：股東關係，股權移轉，向心力，對公司經營政策的支持程度。

(3) 顧客：顧客關係，顧客忠誠度，顧客議價力量，尚未滿足的需求。

(4) 供應廠商：供應來源，供應鏈關係，交易條件，供應廠商議價力量。

(5) 產業工會：工會關係，滿意程度，支持公司政策的程度。

(6) 競爭廠商：競爭廠商家數，競爭地位，競爭強度，創新能力。

(7) 財務金融機構：金融市場狀況，利率政策，資金取得難易程度。

(8) 行銷促進機構：廣告、公關、媒體等機構的協助、促進能力。

(9) 社區：社區關係，社區對環保、衛生、安寧、安全的期望。

(10) 特殊利益團體：環保團體及公共安全團體所關心的議題。

由於汽車售價調降，汽車需求增加，汽車市場呈現一片榮景。新世代年輕人的生活觀改變，認爲三代同堂，共同生活，互相照顧，更符合當今社會的需求。汽車產業經營者認爲休旅車可以滿足現代年輕人的需求，爲了掌握此一商機，車商競相推出休旅車迎戰。此一消費習慣的改變，導致各式各樣休旅車充斥市場，廠商爲拉抬休旅車行銷聲勢，舉辦各種事件行銷，增添市場的熱絡程度。

3.公司優勢與劣勢分析

《孫子兵法》謀攻篇云：「知彼知己，百戰不殆；不知彼而知己，一勝一負；不知彼，不知己，每戰必殆。」企業經營要求百戰百勝，必須先練就知己知彼的功夫，否則容易陷入一勝一負的尷尬局面，甚至掉落到每戰必殆的深淵。實務運作上發現「知彼」比較容易，「知己」常常因出現盲點或優越感作祟，不是輕輕放下，就是一知半解，以致造成每戰必殆的後果。

事件行銷策略規劃，首要工作必須打破知己知彼的迷思，誠實、務實、踏實的分析公司優勢與劣勢，其次是分析主要競爭者的優勢與劣勢。分析項目包括但並不侷限於下列方向。

(1) 經營策略：策略適切性、合宜性，策略各層級的密合程度。

(2) 組織運作績效：整體經營績效，管理當局的滿意程度。

(3) 產品或服務行銷：市場涵蓋面，顧客滿意程度，競爭強度。

(4) 研發與科技技術：新技術應用情形，扮演領先者或追隨者。

(5) 生產規模與績效：產銷配合情形，供給過剩或供不應求。

(6) 通路關係：行銷通路部署，物流政策，供應鏈運作績效。

(7) 財務績效：財務能力，供應廠商的評價，股價水準與穩定性。

(8) 人員素質：人員招募難易程度，人事穩定性，員工向心力。

(9) 資訊系統：市場競爭情報蒐集速度，資訊管理系統運作績效。

(10) 社會責任：熱心參與社會公益活動，善盡企業社會責任。

知己知彼屬於企業內部分析的範疇，也是一種經常性工作，由專責單位客觀檢討，有系統的分析，才有價值可言，分析的資料提供給相關單位，做為研擬後續活動的參考。一般而言，公司的競爭對手很多，要一一分析，不是耗時甚長，緩不濟急，就是徒勞無功，對決策沒有任何助益可言。通常都選擇少數幾家主要競爭對手，進行深度分析，比較務實。優勢與劣勢分析表，如表 2-1 所示。

表 2-1 優勢與劣勢分析表

項　目	本公司	重要競爭者			
		A	B	C	……
1.					
2.					
3.					
4.					
5.					
6.					
7.					
8.					

4.獨特能耐分析

內部分析另一個重要目的是要找出公司的獨特能耐（Unique Competence or Distinctive Competence）。獨特能耐或稱爲核心能耐（Core Competence），是指公司所擁有和競爭者非常不同，在經營過程中，可以將投入轉換爲產出的能耐，使公司獲得競爭優勢，進而創造卓越績效（註 12）。

簡言之，只有公司擁有，而競爭者沒有的能耐最有價值。獨特能耐是公司創造差異化的重要法寶，這些法寶有時被埋沒，有時被忽略，有時被遺忘，有時被刻意遺棄，因而出現「擁寶不知寶」，「有貨不識貨」，以及「自我放棄」，「捨近求遠」等現象。內部分析必須擴大視野，開闊胸襟，觀察入微，鉅細靡遺，從多重角度分析，大膽找出公司的獨特能耐。

百貨公司通常被定位爲一般百貨公司，以致週年慶事件行銷幾乎千篇一律，難以突顯差異性。微風廣場一開始就把自己定位爲「精品購物中心」，主張走精品專業路線，在顧客心目中占有差異化的獨特形象。每年母親節前夕所舉辦的事件行銷，定名爲「貴賓之夜」，擅長「辦活動」的獨特能耐，加上冠蓋雲集的活動場景，一夜之間創造10億元的亮麗業績，在業界掀起熱烈討論話題。

作者曾輔導一家知名製鞋公司，發現其品牌未能廣被消費者喜愛，決定將原有品牌加上時髦的英文名稱，瞄準高檔女鞋市場，並且找到和婚紗公司建立策略聯盟的機會，拉高事件行銷層次，積極推廣新娘鞋。自問：「新娘只穿一雙新鞋嗎？」初步找到的答案是，新娘至少要穿三雙新鞋（披婚紗、穿晚禮服、穿送客禮服，各需要穿一雙新鞋）。繼續再自問：「其他人沒有需求嗎？」腦力激盪結果，終於發現「自我創新」獨特能耐，在婚禮上講究整體感的利基下，不但受到新娘的青睞，新娘的媽媽、婆婆、伴娘、姊妹、姊妹淘，群起效尤，創下一人結婚，一次賣出十幾雙鞋的記錄。

2.4 事件行銷策略規劃常用工具

事件行銷常用的工具並不多，主要聚焦於「辦活動」領域，前段有關策略思考層面和策略管理相仿，在此不再重複，接下來僅對事件行銷議題進行討論。包括產業競爭動力分析、SWOT 分析、損益平衡分析。

2.4.1 產業競爭動力分析

產業競爭動力分析架構，如圖 2-2 所示，也就是 Michael Porter 所稱的五力分析。五力包括產業現有激烈競爭者，兩種威脅，兩股議價力量，這五股力量對事件行銷都會產生重大的影響（註 13）。

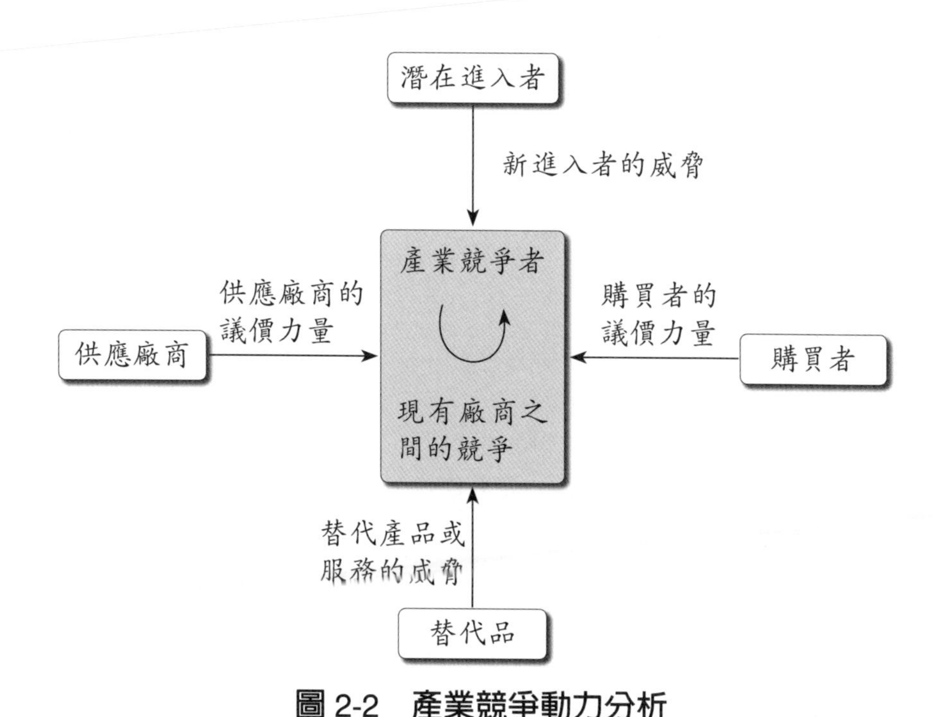

圖 2-2　產業競爭動力分析

資料來源：Michael Porter, Competitive Strategy, 1980, p.4。

1.產業現有競爭者

產業競爭生態是事件行銷人員需要瞭解的第一個課題，產業規模與特性，平均獲利水準，競爭廠商家數，主要領導廠商，競爭強度……，都要有具體而深入的瞭解與掌握。

除非產業大幅成長，市場規模持續擴大，否則產業內既有廠商激烈競爭，互相爭奪市場大餅，勢必會面臨僧多粥少的局面。廠商競爭招式很多，五花八門，而且都會拉高層次，透過事件行銷手法，各顯神通，使得競爭更趨白熱化。

分析主要競爭者的經營策略，可以做到知彼知己，有助於使你的經營策略達到最適化境界，提高贏得長短期競爭優勢的機會。分析競爭者蒐集情報的能力，洞悉他們近期的重大改變與經營績效，有助於瞭解誰是最強勁的競爭對手。至於分析競爭者的途徑，可以調查他們的整體商譽，顧客的回應與評價，以及媒體報導的相關資訊。

2.潛在進入者的威脅

產業競爭生態中，前有既有競爭廠商爭食市場大餅，後有潛在進入者虎視眈眈，覬覦既有商機，此乃競爭常態。近年來，各國市場開放，潛在進入者除了國內廠商之外，還有國外知名大規模廠商也來參一腳，這些潛在進入者都不是省油的燈，都是有備而來，使得競爭局勢更加高漲。

潛在進入者常居高臨下，觀察及研究現有廠商之間的競爭，對產業特性及競爭狀況瞭若指掌，進入產業後利用事件行銷手法參與競爭，拉高競爭局勢，大舉入侵，勢在必得，成為理所當然的選項。潛在競爭者的力道愈強勁，企圖心愈旺盛，對現有廠商的威脅也愈大。

分析有意進入產業的潛在競爭者，可以瞭解國外或國內有哪些公司準備進入市場，進入時機與規模，以及瞭解現有產業市場的成長魅力，可以預測未來產業競爭生態，超前部署，未雨綢繆，預先研擬因應策略。

3.替代品的威脅

替代品是指產品或服務的功能相近，具有互相替代效果，可以滿足消費者的相同需求，顧客選擇一種產品，就不會選擇另一種產品。市場上充斥著這一類產品或服務，例如：行動電話與家用固定電話，中餐、西餐與日式料理，高速鐵路與一般鐵路，雖然提供消費者更大的選擇空間，但是也會對現有廠商構成威脅。

替代品廠商為了要推廣產品與服務，經常在舉辦事件行銷，和現有廠商一較高下。一般而言，替代品的功能愈佳，品牌形象愈好，相容性愈高，替代性愈高，對現有廠商的威脅也愈大。

分析主要替代品的魅力與替代效果，瞭解消費者喜歡替代品的原因，未來是否仍然具有替代威脅，及早研擬克服之道，有助於破解或降低替代威脅。

4.供應廠商的議價力量

供應廠商或協力廠商，在產業競爭中扮演重要角色，他們的議價力量愈強勁，對產業現有廠商愈不利，例如：提高價格，縮短收款期間，改變交貨地點與方式，縮短保固期間，只提供有限服務，這些改變都會提高既有廠商的經營成本。一般而言，供應廠商的議價力愈薄弱，或是配合度愈佳，對廠商愈有利；反之，則對既有廠商愈不利。

分析供應廠商的議價力量，可以確定競爭廠商在產業結構中居於強勢或弱勢，瞭解他們的影響力，有助於在洽談交易過程中，爭取有利條件。

事件行銷通常都會拉高層次，納入供應廠商或協力廠商，共同參與，共襄盛舉，一起拉高聲勢。例如：百貨公司週年慶事件行銷，都會邀請上游各供應廠商、銀行、贊助廠商，提供各種不同優惠，共同爭取顧客的青睞。

5.購買者的議價力量

購買者掌握購買決策大權，在議價過程中，經常居上風，加上科技發達與資訊透明，購買者取得相關資訊愈來愈容易，愈來愈方便，愈來愈快速，愈來愈精準，也變得愈來愈精明。他們的議價力量強弱，對廠商會有決定性的影響。一般而言，他們的議價力愈強勁，要求的條件愈多，對廠商愈不利；反之，則對廠商愈有利。

分析顧客議價力量，可以瞭解顧客最關心的交易條件與期望，進而在有利可圖的前提下投其所好，滿足顧客的需求。

例如百貨公司週年慶事件行銷，購買者都會展現高超的議價力量，事前詳細研究所要購買的物品，比較各廠牌所提供的優惠，相信貨比三家不吃虧，精挑細選然後，做最聰明的購買。

2.4.2 SWOT 分析

廠商在競爭過程中，常因爲位居地利之便，取得稀少資源，領先掌握重要資訊，培養出優秀幹部，發展出獨特競爭策略，擁有豐富財務資源，因而享有競爭優勢。世界上沒有十全十美的企業，既使享有競爭優勢的公司，難免也有某些競爭劣勢。SWOT 分析就是要深入分析，找出公司的競爭優勢與劣勢。

公司在進行事件行銷之前，必須詳實分析公司的優勢與劣勢，同時也要分析主要競爭者的優勢與劣勢。SWOT 分析常用表格，如表 2-2 所示。分析重點聚焦於和所要舉辦的事件行銷相關事項，例如：(1) 最近辦過的事件行銷，(2) 事件行銷成效如何，(3) 事件行銷有何缺失，(4) 其他重要活動。

表 2-2 SWOT 分析表

	本公司	重要競爭者			
		A	B	C	……
1. 最近辦過的活動					
2. 成效如何？					
3. 有何缺失？					
4. ……					
優勢（S）					
劣勢（W）					
機會（O）					
威脅（T）					

2.4.3 損益平衡分析

企業經營旨在追求以最低成本，創造最大利潤，爲股東、員工，以及廣大的利益關係人謀求最佳福祉，因此經營成本與獲利，成爲衡量公司經營績效的重要指標。事件行銷策略規劃常使用損益平衡分析法，瞭解活動的績效。

損益平衡分析（Break-even Point Analysis, BEP）又稱爲損益兩平分析，意指收入剛好足夠支付成本，不賺也不賠當時的營業額。事件行銷需要投入龐大資源（成本），行銷人員必須瞭解損益平衡點座落位置，據以判定事件行銷的可行性與績效。損益平衡分析圖解，如圖2-3所示。

企業經營或事件行銷成本中，有一類成本和產出數量沒有關係，也就是無論有沒有產出，都必須支付的成本，例如：租金、廣告、公關……，這類成本稱爲固定成本（Fix Cost）。另有一類成本會隨著產出數量多寡而成比例變動的成本，例如：按件計酬獎金、滿額折價優惠、包裝材料……，這類成本稱爲變動成本（Variable Cost）。總收入是指產出總數和銷售單價的乘積，總收入線和總成本線相交會那一點稱爲損益平衡點（BEP），也就是不賺不賠時的產出額。引伸而言，總收入超過損益平衡點才有利潤可言，總收入低於損益平衡點就會造成虧損。

行銷人員需要有敏感的成本觀念，因此在企劃事件行銷活動時，必須確認損益平衡點的位置，也就是要確認事件行銷的產出，要達到多少量以上才划算。由圖上分析可知，損益平衡點座落位置愈低，愈容易達成事件行銷目標，對活動愈有利；反之，座落位置愈高，愈不容易達成事件行銷目標，對活動愈不利。

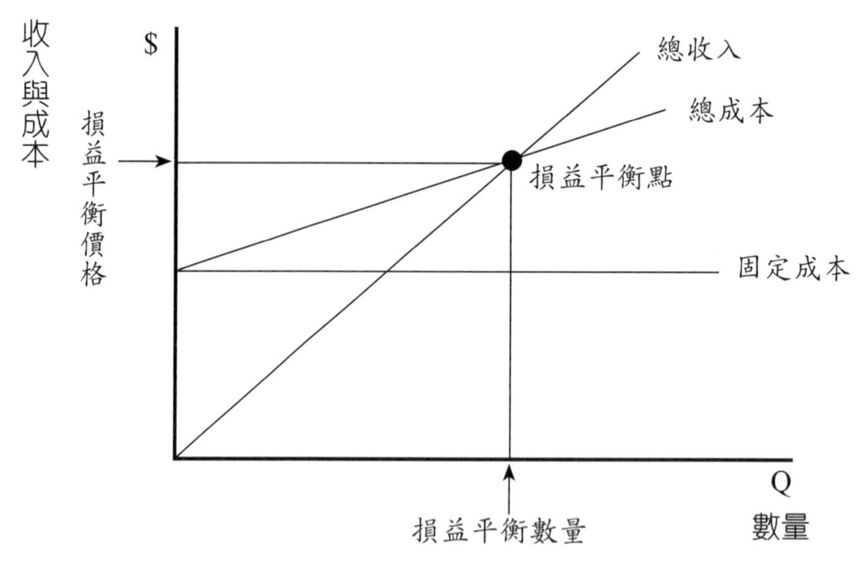

圖 2-3　損益平衡分析圖解

2.5　事件行銷策略規劃原則

2.5.1　事件行銷 7W4H5P

事件行銷必須掌握 7W4H5P 基本原則，區分爲 7W、4H、5P 等三大區塊，如圖 2-4 所示。根據這些原則，審愼規劃，實事求是，才能達到完美的境界。

7W 原則旨在指引下列 7 個策略方向，包括 7 個 W 開頭的英文字，釐清並清楚回答這 7 個問題，確保事件行銷運行在正確的路上。

1. 什麼活動（What）：例行活動或特殊活動，個別企業活動或企業集團活動。

2. 爲何／動機（Why）：釐清舉辦活動的背景、動機與目的。

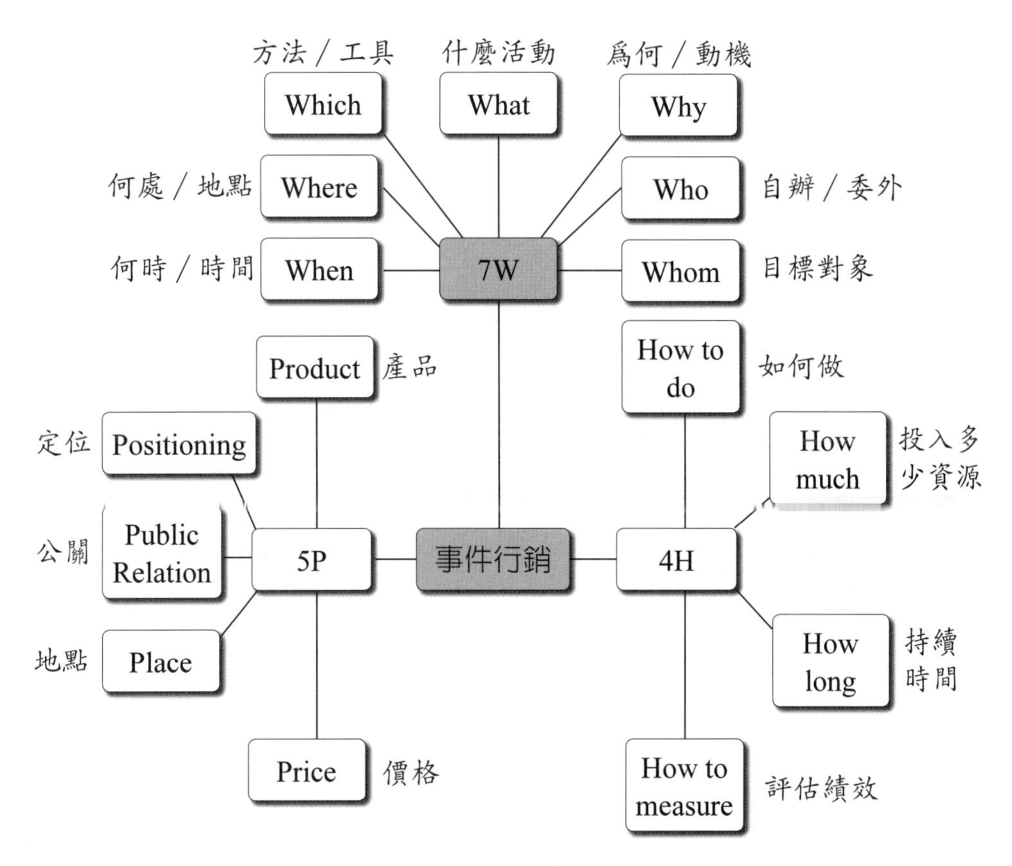

圖 2-4　事件行銷規劃原則

3. 自辦或委外（Who）：自行辦理或委託專業廠商代勞，若要委託辦理，如何甄選合適的專業廠商。

4. 目標對象（Whom）：具體描述顧客的特徵與興趣，他們分布在哪裡。

5. 何時／時機（When）：舉辦季節，週間或假日，白天或夜晚。

6. 何處／地點（Where）：國外或國內，城市或郊外，室內或室外。

7. 方法／工具（Which）：選擇哪一種活動方式，政策宣達、表揚績優、娛樂、競賽、單純表演與顧客互動。

4H 原則是在指引如何進行事件行銷，提醒行銷人員要有成本觀念，包括 4 項由 H 啓始的英文字。

1. 如何做（How）：活動時程與細節的規劃，務求詳實、可行。

2. 投入多少資源（How much）：包括有形資源與無形資源。

3. 持續期間（How long）：明確指出活動期間持續多長。

4. 評估績效（How to measure）：評估活動績效的具體方法與關鍵指標，參與人數、顧客滿意度、訂單數量或銷售績效。

5P 原則是在指引事件行銷所包含的要素，幫助行銷人員檢視活動的關鍵要素，包括 5 個 P 開頭的英文字。

1. 產品（Product）：事件、活動本身就是一種產品，有何差異化特色，提供什麼價值給顧客。

2. 價格（Price）：要不要收費，收多少費用，何時收費，如何收費。

3. 地點（Place）：國外或國內，活動地點的地理位置，空間大小，交通及停車方便程度。

4. 公關（Public Relation）：釐清和利益關係人的關係，與媒體的關係，以利廣告宣傳。

5. 定位（Positioning）：爲事件、活動界定明確定位，例如：企業週年慶典活動、特殊事件行銷、民俗節慶、運動賽事、娛樂活動、展覽活動、政策宣導。

策略規劃通常都採用 Work Shop 方式進行，選派相關主管參與研習會，利用腦力激盪法激發所有可行構想，然後逐一彙整，整合出實際可行的策略，作爲後續計畫細節的準則。事件行銷策略規劃同樣遵循此一步驟，按部就班，循序漸進，達成共識，以利達成共同目標。

2.5.2 事件行銷策略規劃成功秘訣

事件行銷主張結合多項活動，拉高層次，整體呈現，衆志成城，達成更高層次的目標。事前策略性規劃占有舉足輕重的地位，聚集公司相關單位主管參與研討，貢獻智慧，達成共識，可以使後續執行工作更順利、更落實。

事件行銷工作通常都由公司總經理或執行長等最高主管總司其責，各相關單位密切配合，上下一心，目標一致，才能達成共同目標。因此必須要建立策略承接矩陣機制，如圖 2-5 所示（註 14）。矩陣格子內，用◎標示該項活動的主辦單位，○標示需要配合的相關單位。

事件行銷策略矩陣分析，可以清楚瞭解主辦單位與相關單位，各有所司，各有所長，發揮團隊精神。猶如棒球比賽，總經理（投手）投出的球，相關單位必須緊緊接住，然後傳給正確的下一個單位，絕對不能造成暴投或漏接。試想總經理若投出暴投，或隊員造成漏接，就是給對手得分的機會。

活動名稱	衡量指標	相關單位				
		行銷部	廣告部	公關部	促銷部	……
1.		◎	○	○	○	
2.						
3.						
……						

圖 2-5　事件行銷策略承接矩陣

註：◎主辦單位，○相關單位

資料來源：林隆儀著，策略管理：原理與應用，2018，頁 95。

事件行銷策略規劃的成功祕訣可歸結如下（註 15）：

1. **事前功課，充分準備**：好的開始，成功一半，事件行銷企劃單位扮演領頭羊角色，事前要有完整的規劃，充分準備。

2. **混合編組，分組討論**：參與研討的不同單位主管，採用混合編組方式，分組進行討論，消除本位主義，使討論結果更具有可行性。

3. **鼓勵參與，貢獻智慧**：經過挑選的主管，都是公司一時之選的菁英，鼓勵熱烈參與討論，貢獻智慧專長，使提高事件行銷成功的勝算。

4. **分階段進行腦力激盪**：研討會進行中，按照事先規劃的議題，採用腦力激盪法，分階段有系統的進行討論，逐一激發出可行方案。

5. **分組發表，意見交流**：分組的意義在於分頭進行討論，然後由各組提出報告，互相激發，溝通意見，使提案更臻完整。

6. **彙整創意，凝聚共識**：各組討論及發表的創意方案，經過彙整之後，去蕪存菁，凝聚共識，理出更接近可行的策略方案。

7. **可行性的評估與修正**：可行方案經過公司高階主管的可行性評估，並做適當修正與確認，成爲眞正要落實執行方案。

8. **相關單位承接及展開**：事件行銷結合多項活動，共同執行，方案確定後各相關單位必須根據承接矩陣，務實承接，一一展開，落實執行，達成整體目標。

2.6 本章摘要

本章從策略管理觀點，討論事件行銷的策略規劃，包括策略規劃的意義與必要性，事件行銷策略規劃的流程與可行步驟。策略規劃從分析環境開始，首先討論外部環境分析，瞭解企業所面臨的環境生態，解析產業所面對的競爭生態，接著進行知己知彼的功課，剖析公司內部環境，找出公司所具有的獨特能耐，期望達到戰無不勝，攻無不克的境界。

介紹事件行銷策略規劃常用工具，聚焦於產業競爭的五力分析，洞悉影響產業競爭的五股動力；簡要討論 SWOT 分析，介紹實用表格；然後介紹損益平衡分析，強調行銷人員辦活動需要有成本觀念。

最後討論事件行銷策略規劃 7W4H5P 原則，以及策略規劃成功秘訣，指引正確方向，順利達成目標。

參考文獻

1. 林隆儀著，2018，策略管理：原理與應用，雙葉書廊有限公司，頁7。
2. Hill, Charles W. L., Melissa A. Schilling and Gareth R. Jones, Strategic Management: An Integrated Approach－Theory & Cases, 2017, 12e, p.4, Cengage Learning, USA.
3. 司徒達賢著，2001，策略管理新論：觀念架構與分析方法，智勝文化事業有限公司，頁13。
4. 同註1，頁9。
5. 許士軍主編，2003，管理辭典，華泰文化事業股份有限公司，頁377。
6. 前副總統呂秀蓮女士，接受經濟日報專訪，96.03.17，經濟日報A5版。
7. 同註1，頁83-84。
8. 同註5，頁377。
9. 林建煌著，2017，策略管理，第五版，華泰文化事業股份有限公司，頁104。
10. 同註1，頁29。
11. 同註1，頁34-39。

12. 同註1，頁61，頁65。

13. Porter, E. Michael, Competitive Strategy: Techniques for Analyzing and Competitors, 1980. The Free Press, p.4.

14. 同註1，頁95。

15. 同註1，頁109。

7W4H5P 事件行銷的關鍵

事件行銷又稱為活動行銷，屬於行銷推廣領域重要的一環，廠商都把事件行銷視為策略性活動來處理。辦「活動」只是行銷推廣的一種手段，真正目的是要應用行銷原理，提高事件的能見度，積極意義是要擴大事件行銷的正面效果，消極意義是要減少活動的負面效應，降低事件行銷結果的風險。

事件行銷涉及範圍相當廣泛，辦理結果的成效不僅顧客非常在意，利益關係人非常關心，也會影響公司的聲望與商譽。公司自行辦理的自主性很高，但是常因缺乏專人與經驗，要面面俱到，常非易事；專業廠商雖然擁有專業知識、能耐與經驗，要通過比稿的考驗，取得承辦機會也非常競爭。無論是公司自辦，或委由專業廠商代勞，事件行銷人員都在尋求可供遵循，有助提高成功機率的原理。

事件行銷投入的資源非常龐大，而且各界都在關注，因此具有「只許成功，不許失敗」的壓力。事前的策略性規劃足以左右活動的成效，事件行銷人員的養成與素質，成為成功的關鍵因素。工欲善其事，必先利其器，事件行銷人員常把 7W4H5P 奉為基本原理，思慮清晰，審慎規劃，實事求是，才能達到完美的境界。

7W 原理首重釐清並清楚回答下列問題，包括要舉辦什麼活動（What）：例行活動或特殊活動，個別企業活動或企業集團活動。

為何要辦理該項活動（Why）：釐清舉辦活動的背景、動機與目的。由誰辦理（Who）：自行辦理或委託專業廠商代勞，若要委託辦理，如何甄選合適的專業廠商。目標顧客是誰（Whom）：具體描述顧客的特徵與興趣，他們分布在哪裡。何時舉辦（When）：舉辦季節，週間或假日，白天或夜晚。在哪裡舉辦（Where）：國外或國內，城市或郊外，室內或室外。採用什麼方式（Which）：選擇哪一種活動方式，政策宣達、表揚績優、娛樂、競賽、單純表演、與顧客互動。

4H 原理是指如何舉辦及活動細節（How）：活動時程與細節的規劃，務求詳實、可行。預計投入多少資源（How much）：有形資源與無形資源。活動期間多長（How long）：明確指出活動期間持續多長。如何評估績效（How to measure）：評估活動績效的具體方法與指標，參與人數、顧客滿意度、訂單數量或銷售績效。

5P 是指 (1) 產品（Product）：事件、活動本身就是一種產品，有何差異化特色，提供什麼價值給顧客。(2) 價格（Price）：要不要收費，收多少費用，如何收費。(3) 地點（Place）：國外或國內，活動地點的地理位置，空間大小，交通及停車方便程度。(4) 公關（Public Relation）：釐清和利益關係人的關係，與媒體的關係，以利廣告宣傳。(5) 定位（Positioning）：為事件、活動界定明確定位，例如：企業週年慶典活動、特殊事件行銷、民俗節慶、運動賽事、娛樂活動、展覽活動、政策宣導。

事件行銷原理涵蓋上述 16 個項目，看似簡單，其實不然，這些項目都具有策略性意義，有關注公司策略與決策者，有檢視目標顧客的興趣與方便者。前者釐清得愈清楚，愈容易掌握正確方向，提高成功的機會；後者描述得愈具體，愈能夠貼近顧客，打動顧客的芳心，愈有助於贏得口碑。

事件行銷應用範圍非常廣泛，活動相當競爭，行銷重點在於展現獨特創意，激發熱忱，強調刺激，創造經驗與美好回憶。事件行銷要在競爭中拔得頭籌，有賴企劃人員審慎思考基本原理，發揮創意與巧思，站在制高點拉高層次，並且透過媒體的傳播力量，廣為宣傳活動特徵與提供給顧客的價值，創造差異化效果。

（原發表在 108 年 12 月 27 日，經濟日報，B5 經營管理版）

研討問題

1. 事件行銷投入龐大資源，影響層面廣大，事前的策略規劃扮演重要角色。請說明事件行銷策略規劃的意義，並討論其必要性。
2. 獨特能耐是指公司有具有非常特別的能耐，而這些能耐是競爭者所沒有的。請選擇一家你所熟悉的汽車公司，指出並討論這家公司具有哪些獨特能耐。
3. 假設你是一家建設公司總經理，正在規劃事件行銷方案，請問你將如何應用 7W4H5P 原則。

第 3 章

行銷造勢與事件行銷

3.1 前 言
3.2 行銷造勢的意義與必要性
3.3 哪些人需要行銷造勢
3.4 事件行銷造勢的時機
3.5 事件行銷造勢原則
3.6 「微風廣場貴賓之夜」事件行銷
3.7 本章摘要
參考文獻
個案研究：1. 事件行銷扮演造勢大功臣
2. 行銷造勢　造勢行銷
3. 行銷造勢手法的演進
研討問題

3.1 前 言

農業時代常見晚間騎著單車，在街頭巷尾叫賣杏仁茶的小販，單車上不停發出尖銳的汽笛聲，告知消費者好喝的杏仁茶又來了。晚間騎著單車在街頭巷尾賣肉粽的小販，邊走邊喊「肉粽！肉粽！」，令人垂涎欲滴。民間賣藥小組，晚間要到村莊賣藥時，白天會先來敲鑼打鼓，廣而告知，先做一番預告。家電生產廠商，派員到鄉下巡迴播放電影，免費供人們觀賞，白天開著廣告車先行廣告，邀請鄉民前來共襄盛舉。現在在街頭賣冰淇淋的小販，同樣也騎著單車，邊走邊按喇叭，發出「叭噗！叭噗！」聲，引起人們的注意力。這些雖然都是商人們小小的動作，卻是當今行銷造勢活動的鼻祖。

現代行銷競爭激烈，閉門造車，自以爲是，默默無聞的行銷，無異是在孤芳自賞，注定要和業績絕緣。行銷的目的是要把公司的產品、服務、理念、構想等提供物銷售給有需要的顧客，銷售過程中需要有一番造勢活動，引起消費者的注意，快速激起興趣，產生擁有的慾望，進而採取購買行動，才容易達成銷售目標。新時代的行銷人員都會把傳統行銷包裝成事件行銷格局，拉高層級，利用科學方法操作事件行銷，把行銷活動操弄得有聲有色，熱鬧非凡，不但爲行銷帶來加分效果，同時也將行銷活動推向另一新境界。

本章討論事件行銷中行銷造勢活動的相關議題，包括行銷造勢的意義與必要性，誰需要造勢行銷，造勢時機與原則，以及回顧精品購物中心事件行銷造勢的作法。

3.2 行銷造勢的意義與必要性

根據國語辭典的解釋，「勢」是指強盛的力量，也帶有「機會」的意義，例如「乘勢」者，乘機取得競爭優勢也。行銷策略精準，輔之以強烈的造勢活動，喚起贏的意志，整合力量，一鼓作氣，更有助於達成目標。

《孫子兵法》兵勢篇有云，「勢」指兵勢，即作戰態勢；作戰戰略指導得當，形成的一種有利態勢、局勢（註 1）。引伸而言，造勢就是爲了要提振組織的士氣，強化成員的信心，達成組織的目標，所舉辦的一種「只許成功，不許失敗」的誓師大會。

行銷造勢或稱造勢行銷，是指組織或企業應用各種行銷手法，爲達到產品、服務、理念、構想的行銷目標，所採用超越傳統廣告與促銷的一種廣泛性、整合性的推廣活動。這種活動所使用的工具之多，可謂五花八門，花樣百出，從最傳統的人工手持標語吶喊，到先進科學的電子媒體，網際網路，光電科技，雷射技術，不但應有盡有，而且無所不用其極。

廠商都認同行銷不能無聲無息，默默行事，想要在無人知曉的情況下，把產品或服務推銷給人們，無異是在緣木求魚。現代廠商都瞭解，行銷就是在造勢，尤其是先期的造勢活動，這一股「勢」一旦被營造起來，聲勢浩大，攻勢凌厲，後續的行銷工作就容易多了。

一般公司推出新產品或新服務時，都會採取誘導策略，投入大量廣告預算，大打廣告戰，透過各種媒體大肆宣傳，營造「未上市先轟動」的造勢效果，吸引大量人潮前來惠顧，即使需要大排長龍，爭先搶購，也甘之如飴。由於效果非常顯著，各行各業廠商群起效尤，使得行銷造勢成爲當今新時代行銷的新寵。

百貨公司週年慶期間，刻意將幾款名牌商品不是操弄成「排隊商品」，就是標榜「限量供應」，然後透過大眾媒體大肆宣傳。在物以稀為貴，要買行動要快，以免向隅的強烈造勢號召下，吸引廣大人潮前來排隊搶購，既使大排長龍也覺得值回票價，足可證明造勢行銷效果不可輕忽，儼然成為新時代行銷必不可或缺的行銷重要招式。

鮭魚產卵數萬，無人知曉，母雞下蛋一個，驚動左鄰右舍。仔細探究關鍵原因，原來是鮭魚不懂造勢，不會造勢行銷，雖然一次產卵數萬，仍然落得默默無聞的下場，無人知曉。母雞懂得造勢技巧，擅長造勢行銷，每天清晨下蛋一個，呱呱叫聲不絕於耳，不但擾人清夢，甚至驚動左鄰右舍。母雞懂得造勢技巧，擅長造勢行銷的作為，給現代行銷造勢提供莫大的啓示。

3.3 哪些人需要行銷造勢

行銷造勢普遍存在現代商場上，無論是大企業或小公司，工業市場或消費市場，耐久財或消費財，有形產品或無形服務，甚至個人或團體，行銷之前都需要先行造勢。造勢活動做得愈精彩、愈熱烈，愈貼近消費者，愈能感動人心，效果也愈顯著。

哪些人需要行銷造勢？這就牽涉到行銷造勢的類型，舉凡需要行銷的個人、團體、組織、企業、政府，為了有效率又有效果的達成目標，都需要行銷造勢。從需求的角度言，下列人士都需要行銷造勢，如圖 3-1 所示。

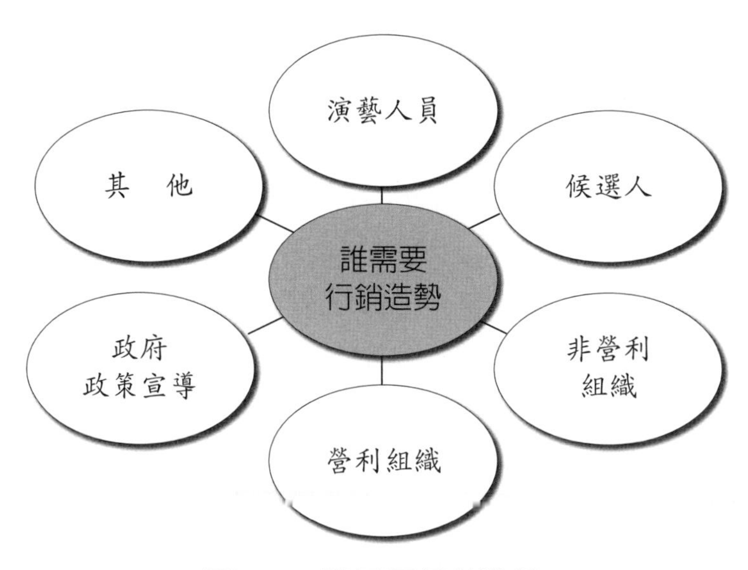

圖 3-1　誰需要行銷造勢

1.個人：演藝人員

演藝人員個個身懷絕技，光鮮亮麗，而且身經百戰，成就非凡，無論是穿著、首飾、配件、言行、動作，都是走在時代的尖端，成爲流行與時尚最重要的指標，不但是人們模仿及仰慕的對象，更是社會敬重與效法的標竿人物。

常見演藝人員的造勢活動，不外乎上節目打歌、飆舞、表演，響應及參加社會公益活動，以及透過廣告宣傳活動的相關訊息。每當藝人有新作品問世時，通常都會上節目打歌、飆舞、表演，載歌載舞的和消費者互動，一方面達到告知目的，一方面藉機造勢一番，營造「未演先轟動」的造勢效果，一方面建立及傳達個人的形象、風格、特色，爭取消費者的認同，一舉數得。

舉辦個人演唱會時，很早就在規劃與準備，準備就緒後隨即展開一系列造勢活動，透過大衆媒體大肆宣傳，告知演唱會相關消息，包括時間、地點、演出內容與特色，以及購票方式，邀請消費大衆前來共襄盛舉。

2. 選戰：候選人

選舉是民主素養最基本、最崇高的表現，選賢與能，人之常情，也是社會所樂見。隨著觀念開通，有意為公眾服務的人士愈來愈多，人們熱衷選舉的意願愈來愈高昂，競爭也就隨著愈來愈激烈。候選人要在激烈選戰中提出貼近民意，理想而務實的政見，配合舉辦各種造勢活動，爭取選民的認同，獲得選民的支持，進而感動選民，熱衷出來投票，而且願意把票投票給你，才能脫穎而出。候選人要在激烈選戰中脫穎而出，都會使出選戰造勢的渾身解數，創造貼近民意的差異化效果。

選戰就是一種高端的造勢活動，困難度非常高，候選人及其團隊紛紛卯足勁，研擬選戰策略，直接向選民訴求，希望贏得選民的青睞、認同與支持。質言之，選戰造勢就是在比士氣與人氣，誰的士氣最高昂，團隊力道最堅強，誰的號召力最旺盛，號召人數最眾多，誰的造勢就愈成功。

選戰造勢活動最典型、最高峰的是一場接一場的造勢晚會，前來相挺、支持的群眾人數多寡，成為造勢成功與否的關鍵指標。於是候選人都極盡造勢之能事，有一種是動員親朋好友，同事鄉親，左鄰右舍，結伴同行，前來相挺。另有一種是受到候選人個人魅力與政見的感召，自動前來相挺的選民，人山人海，把整個會場擠得水泄不通，締造成功的造勢活動與效果。

選舉就是最典型造勢活動，候選人猛打選戰，除了以政見為主軸的訴求之外，比的是造勢手法與造勢陣容與人數。選舉造勢要求成功，必須掌握幾個要領，包括候選人的政治魅力與理念超群，政見貼近民意，團隊陣容堅強，造勢晚會主持人魅力過人，各領域意見領袖、名人、藝人樂意前來站臺，助講人天衣無縫的詮釋政見，全方位炒熱造勢活動。

3. 組織：非營利機構

各種各樣的組織都在舉辦造勢活動，才容易實現目標。非營利組織憑藉崇高的理念、理想、善舉、社區公益、人民福祉，號召人們參與所舉辦的各種活動，其間也常藉助造勢活動的威力，擴大號召效果。

非營利組織因爲是非營利機構，無論是有形或無形資源，都相對比較有限，但是造勢活動的成效卻毫不遜色，主要是靠著理念獲得認同，善舉獲得支持，在這種偉大「感召」之下，充分展現「號召」的力道，收到驚人的造勢效果。

環境保護一向是政府的施政重點之一，國內外皆然，其中以廢棄物回收最令人頭疼，有宗教團體發起「垃圾變黃金」運動，透過事件行銷的造勢手法，獲得全民響應與支持，到處都在做回收，美化環境，淨化人心，貢獻卓著。

4. 企業：營利機構

企業最擅長行銷造勢，常常借力使力，活用事件行銷原理，把原本看似簡單的事件或活動，拉高層次，擴大舉辦，操弄事件行銷，辦得有聲有色，不得不令人讚佩。例如：新產品上市，週年慶慶祝活動，高階人事布達，和知名廠商締結策略聯盟，都是行銷造勢的最佳議題。

品牌命名在企業是一種司空見慣的事，但是精明的廠商常會掌握藉機造勢的機會，把單純的品牌命名當作事件行銷的造勢活動。首先、發起品牌命名競賽活動，透過媒體廣告，告知有關品牌命名的相關訊息及競賽規則，包括公司名稱、產品屬性與特性、包裝形式、內容物、容量、口味、預計上市日期，預訂定價……。以及參加辦法，包括命名用紙格式、收件地址、收件期限、評選辦法、揭曉日期、給獎金額、頒獎儀式、著作權移轉……。其次、指定專人負責收件，收件截止後，整理所收到的作品，準備進行評審。第三、邀請專家逐一評審所收到的作品，並簽註意見與建議。第四、召開評審會議，討論及甄選出入選作品與名次。第五、決定獲選的得獎作品，公開宣布評審結果，然後按照競賽辦法舉行頒獎儀式，頒給獎金、獎牌、獎杯、獎狀。

把單純的品牌命名作業，包裝成事件行銷議題，發起行銷造勢活動，具有幾項策略意義：(1) 彙集衆人的智慧，集思廣益，達到為品牌命名的目的，(2) 發起行銷造勢活動，引起共鳴，激起消費者的認同與期待心理。(3) 甄選出來的品牌名稱，貼近民意，合乎消費者的期望，已經做了先期行銷工作，有助於後續的行銷推廣。(4) 舉辦品牌命名競賽，猶如軍隊作戰，空軍部隊先行深入敵軍後方執行轟炸任務，造成「未上市，先轟動」效果。

5. 政府：政策宣導

政府施政旨在營造安和樂利的社會，締造良好的經營環境，為人民創造最大福祉。要達到這些目標，除了要讓人民對施政有感之外，更重要的是還要贏得人民的好感，要贏得好感，必須讓人民充分瞭解施政的方針與內容，此時和人民溝通的政策宣導扮演非常重要的角色。多元社會的政府政策宣導，不只是單純的宣導政策而已，更重要的是透過事件行銷手法，進行行銷造勢，舉辦各種活動，讓人們充分瞭解，鼎力支持，務實遵守。

例如：為了要宣導環境保護與節能減碳政策，中央及地方各級政府，上下一心，目標一致，透過各種管道，採用不同方法，在不同地點與場合，舉辦各種不同的活動與遊戲、猜謎與抽獎，寓教於樂，耳熟能詳，把節能減碳的意義、緣由、利益、作法，向人們做廣泛宣導，達到造勢與教導的目的。

新冠肺炎防疫期間，各國政府祭出防疫大作戰，把防疫作戰當作重大事件行銷，這就是最典型的政策宣導行銷。政策行銷需要持之以恒，一波接一波的造勢活動，才能喚起人們的注意與配合行動。我國政府有先見之明，很早就推出「超前部署」政策，把防疫工作當作當時最優先的施政重點，成立防疫指揮中心，制訂防疫辦法，嚴格實施邊境管制，規劃隔離場所與設施，選派及配置防疫人員，調度防疫物資，宣導落實個人衛生習慣，每天公布疫情消息並和人們溝通，短短100天成功控制疫情，創下極其輝煌成果，被譽爲全球防疫最佳典範，世界各國紛紛前來取經。

彭博社今年（2020）7月20日評比世界75個前沿經濟體控制疫情表現，從公共衛生、經濟活動、防疫政策，三大項目進行評比，評比結果，我國的防疫表現名列第一（註2）。

6.其他：動物園

其他許多組織或機構，也常將簡單的活動，操作成大規模的造勢活動，給人們及社會留下深刻印象。例如：動物園有新動物進園，或是有可愛動物誕生，動物園爲把握造勢機會，常會發起爲可愛動物命名活動，一方面告知新動物進園的消息，一方面訂定活動辦法，提供命名者可以參加抽獎，中獎者可以獲頒獎狀或獎金，邀請全體國民共襄盛舉，共同來爲新的可愛動物命名。

這種命名活動最主要的用意是在爲行銷「造勢」，藉著舉辦趣味性、教育性與社會性活動，達到廣泛告知的目的，吸引更多遊客前來觀賞，又可讓國人知道動物園的最新動態消息，一舉數得。

公共工程中道路或橋梁完工通車前，也常舉辦類似的命名活動，有些橋梁啓用時還特別邀請年長者先行通過，以示尊敬。這種命名活動具有兩層意義，第一是慶祝重大工程順利完工，第二是激發人們的熱愛鄉里的心理，共同參與爲道路或橋梁命名，達到造勢的宣傳效果。

3.4 事件行銷造勢的時機

閩南語有一句俗語說：「未到冬至都在搓湯圓，冬至一到，哪有不搓湯圓的道理」。企業執行行銷工作，面對激烈競爭，每天都戰戰兢兢，苦無造勢行銷的機會，一旦出現機會，絕對不能放棄造勢的大好機會。

行銷造勢不能只是爲了要造勢而造勢，這種空口講白話的造勢，不但起不了作用，甚至還會得到反效果，行銷人員不可不愼。行銷造勢需要有實質而精彩的內容，對消費者有明顯的利基，對行銷活動有不凡的意義，對企業經營績效有偉大的貢獻，這樣的造勢才會引起共鳴，也才會有效果。

掌握正確時機，勝過埋頭苦幹。一般而言，事件行銷造勢最佳時機，有下列八種情況，如圖 3-2 所示。

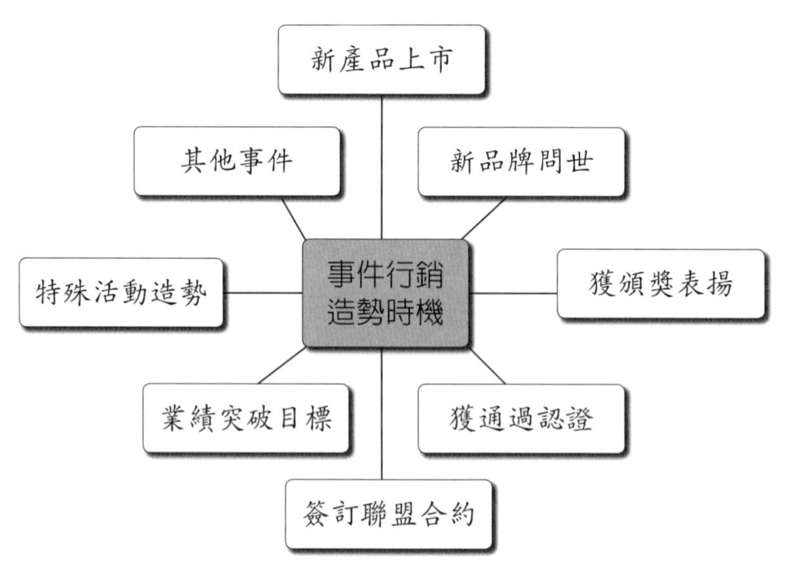

圖 3-2　事件行銷造勢最佳時機

1. 新產品上市

新產品或新服務上市行銷，需要有一番造勢活動，善盡告知的任務，才能有效招徠顧客。從 BCG 矩陣觀點言，新產品通常都屬於「問題兒童」，投入資源，大舉造勢，有可能往「明星產品」方向發展；沒有投入資源，沒有任何造勢活動，有可能淪落到「落水狗」的窘境（註 3）。

公司推出新產品都經過縝密的市場調查，通過經營團隊的審慎評估，有勝算才會推出。既然推出就要全力以赴，抱定必勝的決心，除了按規劃進度進行之外，接下來就是當作重要事件處理，此時就是行銷造勢最佳時機。

2. 新品牌問世

品牌的生命比產品壽命更長久，廠商都樂意在新品牌行銷上投入鉅資，塑造品牌形象與價值。全球著名品牌雖然價值連城，仍然持續在投資造勢，例如：2019 年蘋果電腦（Apple）的品牌價值高達 2,342 億美元，排名第一；Google 的品牌價值 1,677 億美元，位居第二；第三名是亞馬遜（Amazon）的 1,252 億美元，第四名是微軟（Microsoft）1,088 億美元；第五名是可口可樂（Coca Cola）634 億美元（註 4）。當今價值連城的品牌都是從新品牌開始，一點一滴累積起來的。著名品牌都持續在投入資源，爲品牌做廣告造勢，新品牌問世更需要造勢行銷。

歐香咖啡問世時，前面已有 12 家廠商在市場立足，公司將「歐香」品牌定位爲歐洲風味、高品味、浪漫、女性，透過事件行銷手法，大手筆的遠赴法國巴黎鐵塔、義大利威尼斯等地拍攝廣告影片，進行大陣仗造勢活動。「歐香」品牌大膽、開放的定位策略與大手筆的造勢活動，贏得「率先把浪漫注入品牌個性」的美譽，上市不久，市場占有率竄升到第二名。

3. 獲頒獎表揚

企業獲獎代表的事業經營有成，管理得法，貢獻卓著，尤其是獲得政府高層或世界級組織機構頒獎表揚，獲得肯定與認同，殊屬難得。公司都會將此大好消息昭告天下，並且和顧客分享喜悅，此時正是公司行銷造勢的絕佳時機。

許多公司在各自的事業領域努力經營，不僅在國內獲得肯定，同時也在全球市場大放光明，獲得國外政府或著名機構頒獎表揚，揚名國際，例如：台積電、鴻海集團、台塑集團、長榮航空……，獲此殊榮都會和國人分享喜悅。

4. 獲通過認證

通過認證對企業來說是何等重要且光榮的大事件，尤其是和產品品質、衛生安全管理有關的認證，廠商都會在第一時間迅速公告周知，並且透過各種媒體及管道大肆宣傳，這也是企業行銷造勢的大好時機。

榮獲國家品質獎，通過國家標準（CNS）或國際標準組織（ISO）系列認證，臺灣製造（MIT），都有一定的程序和門檻，也是高難度的一向挑戰，包括硬體設施和軟體系統，都必須符合認證單位的嚴格規範，不是提出申請就會通過。例如：ISO 22000 系列中的 HACCP、TQF、CAS、SGS，都是和消費者日常生活息息相關的認證，獲得通過認證，除了公司作業與管理系統獲得肯定之外，也表示對消費者提供衛生安全的最佳保障，公司當然要藉機造勢一番。

5. 簽訂聯盟合約

近年來企業為擴大事業領域，提高經營績效，發現單憑自己的力量，效果非常有限，速度非常緩慢，於是紛紛尋求和國內外知名企業締結策略聯盟，互通有無，共享資源，互補不足，各取所需，達到聯盟目標。有意締結策略聯盟的企業，互相在評估，互相在算計，屬於難度非常高的一項策略決策，尤其是和全球性知名大企業締結策略聯盟，常常是可遇不可求，一旦達成共識，簽訂聯盟合約，雙方都會發布新聞，藉機造勢一番。

作者在企業服務時，曾經多次代表公司和國外知名企業集團洽談締結策略聯盟，例如：和荷蘭商聯合利華公司，瑞士商雀巢公司，美國 Stroh 酒廠，芬蘭 Valio 公司，洽談過程冗長，任務艱巨，達成共識，簽訂策略聯盟合約時，雙方發布新聞，一方面向社會大眾報告重大消息，一方面達到事件行銷造勢目的。

6. 業績突破目標

達成目標是公司夢寐以求的大事，也是經理人最大的期望，當公司銷售業績突破目標時，通常都會大大慶祝一番，一方面頒獎表揚有功人員，酬謝辛勞，激勵再接再厲；一方面透過媒體發佈業績消息，向社會及廣大的利益關係人報告，爭取繼續支持。

例如：百貨公司每年週年慶活動，都訂定有業績目標，每天營業結束後進行統計，第二天透過媒體公布業績。雖然只是小小的動作，但卻是激勵士氣的最佳辦法，也是事件行銷造勢的良好題材。

7. 特殊活動造勢

企業經營過程面對許多事件，有些是例行事件，有些是特殊事件，遇到特殊事件表現優異，榮獲政府機關或具有公信力的單位表揚時，媒體都會爭相報導，此時也是公司造勢的良好時機。

例如：公司大手筆贊助運動賽事，關懷地震、風災、土石流受災戶，慷慨伸出援手，協助災後重建，贏得社會讚賞，經過媒體披露而聲名大噪。雖說為善不欲人知，默默行善最是美德，這種因為特殊活動而被動被表揚的場合，也可以達到行銷造勢的目的。

8. 其他事件

行銷造勢，造勢行銷，除了上述可以用來造勢的活動題材之外，其他還有很多値得拿來操弄的造勢活動，只要用心觀察，細心思考，不乏可行的事件方案。企業每天面對不同的環境，大大小小的事件不計其數，只要有利於企業經營，有助於營造有利行銷的事件，審愼規劃，步步爲營，都是行銷造勢的絕佳題材。

3.5 事件行銷造勢原則

行銷造勢若只是爲了造勢而造勢，無厘頭的舉辦毫無意義的活動，不但不會有效果，反而會造成負面效果，傷害企業形象，影響公司商譽，得不償失，莫此爲甚。

一般而言，行銷造勢和其他經營活動一樣，需要有明確的目標，研擬可行策略，訂定詳細計畫，編訂適當預算，排定活動日期，選派優秀幹部，領導團隊，按部就班，落實執行，才能創造有意義的造勢效果。

第一印象彌足珍貴，永遠沒有第二次機會創造第一印象，行銷造勢沒有重來的機會，只有現場演出，因此具有「只許成功，不許失敗」的使命感。事件行銷造勢要求有效，必須講究「愼始」的功夫，審愼規劃，務實執行，才可以廣收事半功倍效果。

行銷需要造勢，事件行銷則是造勢的良好工具。事件行銷造勢原則，如圖 3-3 所示。

1. AIDA 原則

誠如本章前言所言，事件行銷造勢第一個動作，就是要有效吸引目標顧客的注意力（Attention），第二是要快速激起他們的興趣（Interest），第三是要激發參與或擁有的慾望（Desire），第四是要

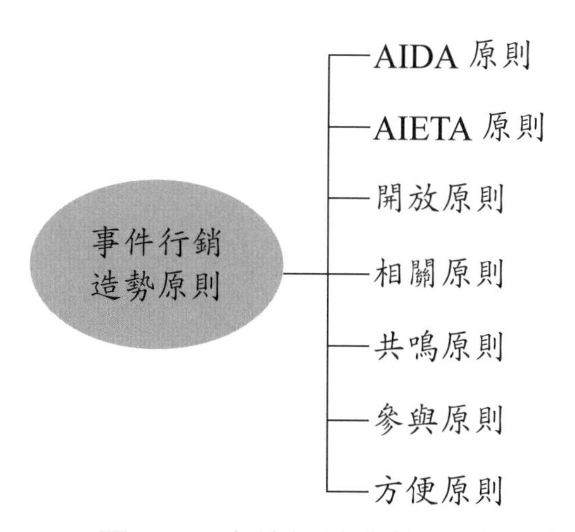

圖 3-3　事件行銷造勢原則

鼓勵迅速採取行動（Action）。這四個動作具有連續性，必須一氣呵成，一鼓作氣，而且速度愈快愈有效，取其英文字第一個字母，簡稱爲 AIDA 原則。

AIDA 若脫離連續性，會出現斷鏈現象，造成功虧一簣的後果。吸引目標顧客的注意力，激起他們的興趣，激發參與或擁有慾望，一步一步往前推進，最終目的是要激起及鼓勵採取行動，達成行銷造勢的目的。

2. AIETA 原則

AIETA 和 AIDA 原則有著異曲同工的意義與效果，行銷造勢首先要引起目標顧客的注意力（Attention），其次激起他們對事件的興趣（Interest），然後進行評估（Evaluation），評估結果若符合所需，接著會想要試用（Try），試用結果若覺得滿意，才會採取行動（Action）。

例如：有意購買汽車的準顧客，注意到某一廠牌汽車的廣告後，因爲印象特別深刻而產生興趣，接著開始進行比較與評估，然後希望廠商給予進一步介紹並提供試駕，試駕結果若覺得滿意，才會正式訂購。

3. 開放原則

事件行銷造勢要學習母雞下蛋，驚動左鄰右舍的本能，做到昭告天下，廣爲人知的境界。此時開放原則就顯得格外重要。

開放就是要放大格局，包括主事者要開闊胸襟，放開眼界，廣邀群雄，共襄盛舉，經營團隊抱持開放態度，積極規劃，勇於任事，透過媒體廣爲告知，達到造勢的目的。行銷目標對象相當多元，分布非常廣泛，公司所推出的行銷方案要接觸到他們，相當不容易，只有採用開放原則，才能如願以償。

4. 相關原則

相關原則是指事件行銷所規劃的各項活動，必須和事件主題相關。相關活動整合在一起操作才有意義，才能發揮造勢的相乘效果。爲了造勢而造勢，將毫無相關的活動硬塞進來，會使事件行銷陷入大雜匯或四不像的窘境。

歡欣鼓舞的慶典活動，會後所安排的表演活動或餘興節目，必須和該項慶典相關，相輔相成，相互呼應，才能增添慶典的歡樂氣氛。不宜穿插不相關的活動或帶有悲傷、憂鬱的節目，反而給歡樂的慶典蒙上一層悲情的陰影。

例如：迪士尼樂園每天傍晚所舉辦的遊行活動，成爲迪士尼樂園場面最大，最有看頭的重要節目之一。遊行時刻一到，進場的遊客幾乎都會來列隊觀賞，所安排的一系列遊行活動，都是迪士尼樂園最精彩的表演節目，活潑、歡樂、精彩、有趣，讓人流連忘返。

5. 共鳴原則

造勢的目的除了要讓事件行銷活動內涵廣爲人知之外，更重要的是引起目標顧客的認同與共鳴，這樣的造勢才有意義。行銷造勢若無法引起共鳴，無異是和顧客沒有任何交集，你走你的陽關道，我過我的獨木橋，雙方漸行漸遠，非公司所樂見。

引起共鳴原則是要站在顧客的立場思考，瞭解顧客所關心與期望的是什麼，而不是公司會提供什麼。誠如管理大師彼得．杜拉克（Peter Drucker）的名言，「公司所要關心的是你的顧客，而不是你的產品」。從顧客導向的觀點企劃事件行銷方案，迎合顧客的需求，滿足顧客期望的事件行銷，才容易引起共鳴。要引起共鳴需要研究及洞察顧客消費行爲，只有貼近顧客的行銷方案，才會引起共鳴。

6. 參與原則

消費者面對公司的行銷活動，常因防衛心理作祟，第一時間的反應通常都會敬而遠之，先拒絕再觀後效，此時鼓勵參與原則常扮演關鍵角色。鼓勵參與旨在讓顧客瞭解公司舉辦事件行銷的動機、意義、目的與利益，鼓勵踴躍參加，共襄盛舉。

世界級馬拉松運動事件行銷中，全球最熱門的紐約、波士頓、芝加哥、東京、柏林、倫敦等城市所舉辦的馬拉松賽跑，因爲是世界級的規模與商譽，具有非凡的鼓勵參與動機，報名參加者來自全球各地，人數之多，令人嘆爲觀止，只有經過抽籤程序，抽中者才能參與賽跑，更激發參與者非參加不可的意志。

7. 方便原則

事件行銷績效評估中，參與者人數多寡成爲一項非常重要的關鍵指標。事件行銷旨在鼓勵參與，接下來就要讓顧客方便參與，如此才能激起踴躍參與的熱情，營造共襄盛舉的場景。方便參與和前述開放原則有著密切關係，開闊胸襟，放大格局，歡迎顧客踴躍參與，方便參與，結伴成行，成果會更豐碩。

百貨公司舉辦節慶事件行銷，爲方便顧客參與，常推出許多貼心服務，例如：替遠道而來的顧客付計程車車資，幫助帶小孩來參與的婦女照顧小孩，幫忙看管所購買的物品，以及幫忙送貨到家或搬到車上，讓前來參與的顧客方便繼續參與各項活動。

3.6 「微風廣場貴賓之夜」事件行銷

微風廣場爲突顯其精品購物中心的定位與形象，硬體建築格局非常考究，購物空間寬敞，各樓層挑高設計，動線規劃一流，讓人享受輕鬆購物環境與樂趣。引進國際知名品牌精品，高檔精品，琳瑯滿目，應有盡有，配合節慶舉辦各種事件行銷，吸引購物大量人潮，造成轟動，儼然是現代人購物的新天堂。

每年母親節前夕所舉辦的「貴賓之夜」事件行銷，獨樹一格，最具特色，成爲精品百貨業者慶祝母親節的標竿事件行銷。從當天傍晚6點至晚上11點，實施封館行銷，貴賓憑邀請函進場，整個廣場冠蓋雲集，購物人潮洶湧，擠得水泄不通，熱鬧非常，更重要的是一夜之間創造10幾億營業額。微風廣場「貴賓之夜」事件行銷，企劃要點如下：

1. **先期造勢活動，媒體廣爲宣傳**：精心企劃的母親節慶祝活動，一個月前就展開造勢活動，透過媒體密集宣傳，印刷精美的整本購物指南分送到貴賓手上，營造「贈送禮物，感謝母恩」的歡樂氣氛。

2. **設計精緻舞臺，規劃良好動線**：一星期前開始搭建及布置大型精緻舞臺，進駐各項高科技設備與先進設施，規劃封館的人員動線，清楚標示，疏導人員流動方向，方便貴賓輕鬆愉快購物。

3. **著名樂團助陣，歌星輪番上陣**：活動當天白天開始展開活動，邀請著名樂團前來助陣，演奏音樂，展開序幕，著名歌星輪番上陣表演，整天載歌載舞，傳遞歡樂氣氛，炒熱整個會場。

4. **實施封館行銷，貴賓憑證入場**：活動當天下午6點開始清場，實施封館行銷，貴賓憑證入場，人潮不斷湧進，現場派有專人引導，人潮雖洶湧，但井然有序，把整個會場擠得水泄不通，成功造勢，不言可喻。

5. **邀請名人站臺，夜晚冠蓋雲集**：邀請大咖名人、藝人站臺，入夜後陸續進場，個個花枝招展，美艷四射，冠蓋雲集，歡呼聲、歡樂聲瀰漫整個會場，爲「貴賓之夜」帶來第一波高潮。

6. **購物人潮管控，舒適購物空間**：爲了避免精品店內購物人潮擁擠，影響購物氣氛與品質，精品店實施人潮管控，營造「備受禮遇，輕鬆愉快」的購物氣氛，好讓購物貴賓從容挑選，愉快購物，贏得好感。

7. **配合促銷活動，吸引購物人潮**：配合慶祝母親節，推出各種促銷活動，除了各精品店個別促銷優惠之外，聯邦銀行提供額滿禮，微風廣場提供高額貴賓抵用券。2019 年微風貴賓之夜定名爲「亞洲瘋狂購物之夜」，提供各種優惠禮，貴賓抵用券最高抵用金額高達 65,000 元。

8. **購物加碼抽獎，創造意外驚喜**：貴賓之夜事件行銷還有一項重頭戲，購物貴賓憑當晚發票參加抽獎，第一特獎贈送汽車一部，贈獎汽車展示在廣場入口，特別具有吸睛效果。

母親節是一個表達孝心、感恩的日子，雖說每年都有母親節，到處都在舉辦慶祝活動，廠商也都競相推出各種促銷活動。微風廣場獨樹一格，把母親節慶祝活動拉高層次，十幾年來如一日，不只是推出促銷活動，而是當作一個特殊事件來處理，操作成表達孝心與感恩，融入多項非常有意義的事件行銷，不但贏得顧客的好感，留下深刻印象，同時也成業界慶祝母親節事件行銷的標竿。

3.7 本章摘要

事件行銷就是在爲行銷造勢，造勢看起來簡單，其實不然，牽涉到許多原理與技巧，行銷人員必須熟諳這些原理與技巧，才能企劃及舉辦成功的造勢活動。

本章首先探討事件行銷造勢的意義及其必要性，讓行銷企劃人員瞭解行銷造勢與事件行銷的關聯性與必要性。其次從廣義觀點剖析誰需要造勢，列舉演藝人員、候選人、非營利機構、營利機構、政府政策宣導、其他組織，探討他們造勢的必要性與所採用的方法。

接下來討論行銷造勢的時機，包括新產品上市、新品牌問世、獲頒獎表揚、獲通過認證、簽訂聯盟合約、業績突破目標、舉辦特殊活動，以及其他值得大肆宣傳的造勢時機。行銷造勢並非可以爲所欲爲，以免造成反效果。造勢有某些原則可循，本章從務實觀點列舉七大原則，供事件行銷企劃人員參考，包括 AIDA 原則、AIETA 原則、開放原則、相關原則、共鳴原則、參與原則、方便原則，遵循這些基本原則企劃事件行銷活動，可以避免迷失方向，有效能又有效率的達成期望的目標。

微風廣場每年母親節前夕所舉辦的「貴賓之夜」活動，成爲慶祝母親節事件行銷的標竿，根據作者每年的觀察，列出「貴賓之夜」事件行銷活動內容，提供參考。

參考文獻

1. 吳仁傑注譯，新譯孫子讀本，2015年七刷，三民書局股份有限公司，頁31。
2. 中央社紐約綜合外電報導，2020.07.20，www.cna.com.tw。
3. 林隆儀著，2015，促銷管理精論：行銷關鍵的最後一哩路，五南圖書出版股份有限公司，頁117。
4. Interbrand 網站，Best Global Brands 2019 Rankings, www.interbrand.com。

1. 事件行銷扮演造勢大功臣

組織操作的議題若要做到廣為人知，除了議題本身有足夠的吸引力之外，還需要靠事件行銷來造勢，政府機關、營利事業、非營利事業、人民團體、選戰競爭、城市行銷、娛樂活動、運動賽事，都因為有事件行銷加持而家喻户曉。

事件（Event）或稱活動（Activity），泛指組織號召消費者參與，以及引起媒體關注的各種活動。事件行銷（Event Marketing）旨在創造行銷話題，藉助事件本質與媒體的力量，提高公司形象與行銷績效的各種活動。質言之，事件行銷是企業整合資源，透過具有企劃力與創造性的活動或事件，使之成為大眾關心且有興趣的新鮮話題，因而吸引媒體競相報導與消費者踴躍參與，達到提升企業形象及銷售產品等目的。

事件是行銷造勢的有效工具，「造勢」是行銷活動不可或缺的重要元素，可發揮助攻的威力。這一股「勢」若被「造」起來，往往勢如破竹，成為社會最夯的話題，任何人想要擋都擋不住。最明顯的是選舉期間的造勢活動，候選人都會把握掃街拜票，政見發表會，舉辦晚會等機會與場合，積極動員，大力造勢。公司重要活動如週年慶，新產品上市發表會，新品牌進入市場，新廠房啓用，新生產線投產，新商場開幕，新締結策略聯盟，都是事件行銷的好題材。

傳統行銷雖然扮演行銷基本盤的角色，傳統觀念認為產品優異，定價合理，廣布通路，積極推廣，就有機會贏得消費者青睞。現代行銷面臨激烈又複雜的競爭，認為傳統行銷的本質受到許多挑戰與限制，以致常遭遇到有志難伸的窘境，例如：單向行銷，自說自話，缺乏互動；高壓行銷，千篇一律，索然乏味；媒體和消費者的反應冷漠，馬耳東風，甚至排斥，以致效果難以預測，亟需要有事件行銷助一臂之力。

事件行銷視行銷為公眾生活的一部分，尋求時下最被關心的議題（事件），刻意且巧妙的規劃成為媒體有興趣，具有創意，富有熱情，充滿刺激，而且和消費者有切身關係的熱門話題，創造難得的經驗與美好的回憶。事件行銷具有「乾坤挪移」、「麻雀變鳳凰」的威力，一點都不為過，在今日競爭激烈時代，重要性與日遽增，以致廠商都存有「小題大作」的心態，希望把小話題操作成大新聞，藉機贏得媒體的公共報導。

臺語有一句俗語說：「未到冬至都在搓湯圓，冬至哪有不搓湯圓」，組織（企業）行銷只要有可以造勢的題材與機會，都會卯足勁設法動員舉辦各種造勢活動。例如：縣市長就職典禮，過去都選擇在室內舉行，印信交接，行禮如儀，這次有兩位市長選擇在室外舉行，一在愛河旁邊，一在空曠草地，把就職典禮操作成大型事件行銷，吸引國內外賓客前來觀禮，創造十足的差異化效果，加上一時攤商雲集，生意興隆，造成轟動，立下就職典禮事件行銷新典範。

百貨公司整合週年慶促銷活動，結合各專櫃、上下游廠商、金融機構，以及其他協力廠商的資源與力量，將原本單純的促銷活動，巧妙的操作成聚集人氣與彙集商機的事件行銷，規模逐年擴大，時程愈來愈長，媒體大事宣傳，不但引來排隊搶購人潮，同時也成功的操作成轟動一時的週年慶事件行銷。

事件行銷應用的範圍非常廣泛，包括但不限於運動行銷、文化行銷、藝術行銷、政治行銷、會展行銷、休閒行銷、特案行銷、個人行銷、社交行銷。事件行銷威力強大，投入的廠商愈來愈多，內容愈來愈精緻，以致活動本身相當競爭，要在激烈競爭中操作成功的事件行銷，考驗著行銷人的智慧。

（原發表在108年3月8日，經濟日報，B4經營管理版）

2. 行銷造勢　造勢行銷

「勢」是指強盛的力量，也帶有機會的意義。「乘勢」者，趁機取得競爭優勢也。《孫子兵法》兵勢篇指出，「勢」者兵勢也，即作戰態勢；戰略指導得當所造成的一種有利態勢、局勢。引伸而言，造勢就是為了要提振組織的士氣，強化成員的信心，達成組織目標，所舉辦的一種「只許成功，不許失敗」的誓師大會。

農業時代常見晚間騎著單車，在街頭巷尾叫賣杏仁茶的小販，單車上不停發出尖銳的汽笛聲，告知好喝的杏仁茶又來了。晚間騎單車在街頭巷尾賣肉粽的小販，邊走邊喊「肉粽！燒～肉粽！」，令人垂涎欲滴。民間賣藥小組，晚間要到村莊賣藥時，白天會來敲鑼打鼓，先做一番預告。家電生產廠商，派員到鄉下巡迴播放電影，免費供人們觀賞，白天開著廣告車先行廣告，邀請鄉民前來共襄盛舉。現在在街頭賣冰淇淋的小販，同樣也騎著單車，邊走邊按喇叭，發出「叭噗」聲，引起人們的注意力。這些雖然都是商人們小小的動作，卻是當今行銷造勢活動的鼻祖。

現代行銷競爭激烈，默默無聞的行銷，無異是在孤芳自賞，注定要和業績絕緣。行銷的目的是要把公司的產品、服務、理念、構想等提供物銷售給有需要的顧客，銷售過程中需要有一番造勢活動，引起消費者的注意，快速激起興趣，產生擁有的慾望，進而採取購買行動，才容易達成目標。新時代的行銷人員都擅長把傳統行銷包裝成事件行銷格局，拉高層級，利用科學方法操作造勢行銷，把行銷活動操弄得有聲有色，熱鬧非凡，不但為行銷帶來加分效果，同時也將行銷活動推向另一新境界。

行銷造勢或稱造勢行銷，是指組織或企業應用各種行銷手法，為行銷產品、服務、理念、構想，所採用超越傳統廣告與促銷的一種廣泛性、整合性推廣活動。現代廠商都瞭解，行銷就是在造勢，尤其是先期的造勢活動，這一股「勢」一旦被營造起來，聲勢浩大，攻勢凌厲，後續的行銷工作就容易多了。

一般公司推出新產品或服務時，都會採取誘導策略，投入大量廣告預算，大打廣告戰，透過各種媒體大事宣傳，營造「未上市，先轟動」的造勢效果。由於效果非凡，各行各業廠商群起效尤，使得行銷造勢成為當今新時代行銷的新寵。

百貨公司週年慶期間，刻意將幾款名牌商品操弄成「排隊商品」，採取限量供應方式，然後透過大眾媒體大事宣傳。在物以稀為貴的號召下，吸引廣大人潮前來排隊搶購，既使大排長龍也甘之如飴，值回票價，足證造勢行銷不可輕忽。

鮭魚產卵數萬，無人知曉，母雞下蛋一個，驚動左鄰右舍。仔細探究關鍵原因，原來是鮭魚不懂造勢，不會造勢行銷，雖然產卵數萬，仍然落得默默無聞的下場，無人知曉。母雞懂得造勢技巧，擅長造勢行銷，每天清晨下蛋一個，呱呱叫聲不絕於耳，擾人清夢，驚動左鄰右舍。母雞懂得造勢技巧，擅長造勢行銷的作為，給現代行銷造勢提供莫大的啓示。

（原發表在 109 年 6 月 5 日，經濟日報，B5 經營管理版）

3. 行銷造勢手法的演進

行銷旨在將公司的產品與服務，銷售給有需要的顧客，完成交易的任務。公司擁有再好的產品與服務，若缺乏有效的造勢活動，猶如鮭魚產卵數萬，卻落得默默無聞，無人知曉的下場，難免會陷入閉門造車，孤芳自賞的窘境。

生產導向時代供不應求，常出現爭先恐後的搶購人潮，於是引用新設備，提高產能，增加產量為唯一要務。產品導向時代認為只要有優良的產品，不怕沒人惠顧，此時的核心工作在於應用品管技術，提供品質優異的產品。以上這兩種觀念都停留在公司「生產什麼，就賣什麼」的階段，無須為行銷造勢傷腦筋。

銷售觀念認為行銷工作需要有造勢的加持，才能把正確的產品與服務，有效的推介給有需要的顧客，於是行銷造勢成為行銷工作的核心。時代背景不同，現代行銷不但需要造勢，而且造勢手法五花八門，花樣百出，不斷升級，增添市場熱絡氣氛，營造贏的局面。觀察行銷造勢演進過程，可以區分為下列幾個階段。

1. **口頭高喊**：農業時代很多產品需要主動兜售與推銷，最直接的做法是利用口頭高喊，達到「人未到，聲先到」的造勢效果。例如：騎著單車在街頭巷尾及農村社區兜售的小販，高喊：「包子饅頭！」，「肉粽！燒～肉粽！」；賣鹹魚小販高喊：「鹹魚喔！」；兜售草蓆商人高喊：「草蓆喔！」；資源回收商高喊：「酒矸倘賣無！」。

2. **簡單工具**：使用簡單的造勢工具，形成獨樹一格的代表格調，例如：按摩師吹笛聲，人們聽到尖銳的吹笛聲就知道按摩師來了；賣蕃薯的小販搖動用竹筒做的蕃薯筒，人們聽到緩慢、低沉的竹筒聲，就知道賣蕃薯的伯伯來了。賣杏仁茶的汽笛聲，賣冰淇淋的叭噗聲，以及聽到敲鑼打鼓聲，就知道好康又來了。
3. **廣播造勢**：使用廣播道具造勢，取代人工高喊，不但聲音宏亮，而且傳播效果奇佳，例如：賣菜小販、賣土窯雞、換紗窗換玻璃、垃圾車音樂聲，都是應用廣播造勢的經典代表作。
4. **音樂美聲**：廣播造勢大幅升級與精進，進入講究美感與藝術的境界，具有代表特定品牌的味道。例如：廣播節目與電視節目的片頭片尾音樂美聲，都經過精心製作，提醒及告知閱聽眾美好、精彩的節目馬上就要開始。
5. **廣告活動**：應用廣告科學與現代傳播原理，製作各種各樣的廣告，透過廣告媒體無遠弗屆的特性，大肆宣傳，有效傳播，將行銷造勢往前再推進一大步。
6. **事件行銷**：利用整合傳播原理與技術，結合各種現代化傳播工具，有計畫的規劃與精心刻意操作，拉高行銷活動層次，向母雞學習「下蛋一個卻驚動左鄰右舍」的本領，轟轟烈烈的展開宣傳與造勢，提高行銷能見度，提升行銷效果。例如：選戰造勢、企業活動、運動賽事、民俗節慶、藝文活動、公共政策、宗教活動、娛樂活動，都是因為利用事件行銷手法，廣收造勢效果。

行銷造勢與時俱進，推陳出新，不斷升級，屢屢為行銷創造驚人效果。隨著資訊與數位科技的發展，傳輸速度革命性的進展，以及5G技術的精進，未來的行銷勢必會面臨更大挑戰，同時也會帶來嶄新機會，主導行銷造勢的事件行銷，將扮演更吃重的角色，擔綱更多表現的機會。

（原發表在109年8月5日，經濟日報，A13經營管理版）

研討問題

1. 參照本章所論述的觀點，請說明事件行銷在貴公司的意義與作法。
2. 行銷活動需要造勢，造勢要一鼓作氣，一氣呵成。行銷之勢一旦被營造起來，後續的工作就相對容易了。請討論行銷造勢的必要性及其原理。
3. 除了本章所討論的事件行銷造勢原則之外，請思考適合貴產業行銷的其他造勢原則。
4. 請訪問你所熟悉的一家大規模公司，描述該公司慶祝聖誕節所舉辦的事件行銷活動。

第 4 章

企業活動與事件行銷

4.1 前　言
4.2 經營理念與事件行銷
4.3 行銷觀念與事件行銷
4.4 組織結構與事件行銷
4.5 企業事件行銷企劃要領
4.6 企業內部事件行銷
4.7 企業外部事件行銷
4.8 本章摘要
參考文獻
個案研究：企業內部活動　事件行銷良好議題
研討問題

4.1 前　言

企業是社會的公器，經營的目的除了要爲股東創造最大利益之外，還需要顧慮到廣大的利益關係人，扮好企業公民的角色，重視企業倫理，善盡企業的社會責任，爲社會創造最大福祉。

企業內部活動範圍廣泛，項目繁多，每天都有不同規模的活動在進行，雖然是企業內部活動，但都是社會及利益關係人注目的焦點。行銷人員在企劃事件行銷相關活動細節時，必須開闊心胸，放開眼界，觀前顧後，多方考慮，兼顧社會觀感，嚴守公序良俗，達到企業行銷目的之外，也做社會表率，增添正面能量。

本章討論企業舉辦內部事件行銷的相關議題，涵蓋原理的論述，實務案例的印證。內部事件行銷的議題，包括遵循企業經營理念，行銷觀念與事件行銷，組織結構的設計，企業事件行銷企劃要領，企業內部與外部事件行銷案例。

4.2 經營理念與事件行銷

企業短期目標旨在「求利」，也就是重視經營成果與收益，滿足狹義利益關係人的需求與期望，包括股東、員工。長期目標講究「重義」，也就是關心經營成果的公平分配，合理分享，滿足廣義利益關係人的期望，包括消費者、供應廠商、產業工會、競爭廠商、財務金融機構、行銷促進機構（廣告公司、公關公司、市調公司、媒體機構、金融機構、顧問公司）、社區、政府、特殊利益團體。質言之，企業經營特別講究「先義後利」，因爲「利」看得更遠就是「義」，而「義」的另一面就是「益」（註 1）。事件行銷是要和廣義利益關係人建立及維持良好關係，是在追求長期利益，而不是見利忘義，徒增公司的困擾。

經營理念（Business Philosophy）或稱爲經營哲學，是企業經營的最高指導原則。例如：黑松公司的經營理念強調「誠實服務」，這是該公司經營的定海神針，不容質疑，不容挑戰（註 2）。又如臺灣電力公司的經營理念，主張「誠信：對用戶、對員工、對股東揭露眞實資訊；關懷：發自內心、主動積極、爲利益衆生而做；創新：創造顧客價値，提升競爭力；服務：以客爲尊，以滿足內、外部顧客的需求爲導向」（註 3），經營理念是企業至高無上的經營準則，只有嚴謹遵守，沒有妥協的空間，事件行銷是公司所舉辦的各種活動，必須遵循經營理念的規範，審愼規劃，務實執行。

經營理念和企業文化有著一體兩面的關係。企業文化（Corporate Culture）是指組織成員共享的基本假設與信念或常規，也是企業認爲需要傳遞給新成員的重要和正當的價値體系（註 4）。有些公司將企業文化訴諸文字，尤其是大規模企業，逐條寫成經營信條，主張做到「說寫作合一」，全公司有一致共識；有些公司以經營者的期望與行爲準則爲依歸，小規模公司常常採取這種方式，認爲行爲規範比較有彈性，更勝於訴諸文字。

每一件事件行銷活動都和利益關係人有密切關係，有些活動規模與範圍比較狹小，只牽涉到狹義的利益關係人，例如：員工、工會、經銷商。有些活動規模與範圍非常廣泛，擴及廣義的利益關係人，例如廣大的消費群、供應廠商、競爭者、社區、政府、特殊利益團體……。無論牽涉的範圍如何，都是社會關注的焦點，行銷人員必須深切瞭解公司經營念與企業文化，所企劃的事件行銷活動才能和公司目標相匹配，才能迎合利益關係人的期望。

4.3 行銷觀念與事件行銷

時代背景不同，行銷觀念也各不相同，行銷核心工作也跟著各異其趣。行銷觀念（Marketing Concept）或稱行銷哲學（Marketing Philosophy），是指企業對行銷工作所抱持的觀點、態度與看法（註5）。行銷觀念隨著時代背景而演進，演進過程可區分爲五個階段：生產觀念、產品觀念、銷售觀念、行銷觀念、社會行銷觀念（註 6），如圖 4-1 所示。不同行銷觀念，事件行銷的操作方法也各不相同。

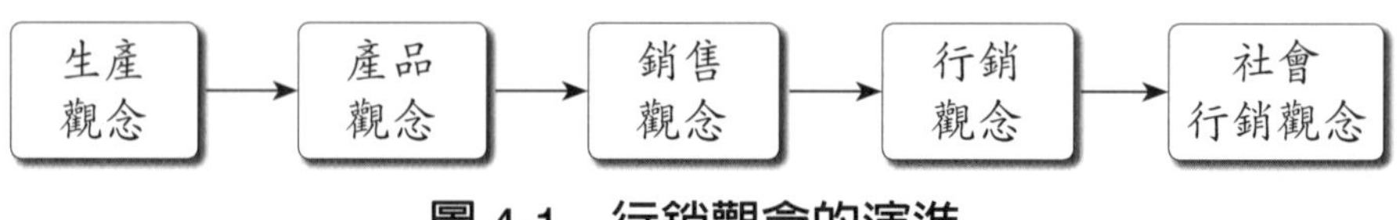

圖 4-1　行銷觀念的演進

農業時代的行銷和現代講究科技的行銷，基本的行銷觀念有很大的差別，行銷的重要性與工作重點也各異其趣。早期社會以農業生產爲主，企業經營與行銷奉行生產觀念（Production Concept），因爲物資缺乏，供不應求，企業經營格局比較小，大部分公司以鎖定內需市場爲主，經營觀念則以生產導向爲依歸，所關注的焦點在於採用機器或自動化設備代替人力，改善生產方法，想方設法增加產品供給量，沒有考慮到顧客的需求與期望，更不知道什麼叫做事件行銷。

行銷觀念演進到第二階段的產品觀念（Product Concept）時代，經營者發現提供品質優良的產品才能順利銷售，行銷核心工作轉移到生產品質優良的產品，引用科學的生產方法與品質管理技術，致力於生產比競爭者更優異的產品，才能贏得顧客的青睞。產品觀念雖然比生產觀念往前推進一步，在產品導向引領下，廠商認爲只要提供品質良好的產品，就能順利銷售出去，沒有多餘的時間與心力考慮事件行銷。

當品質優良的產品充斥場時，廠商驚覺到光靠產品品質優良，仍然難以突破銷售瓶頸，於是祭出推銷功夫，認爲良好產品加上科學的推銷技巧，才能在行銷上脫穎而出。經營觀念從此進入第三階段的銷售觀念（Selling Concept）時代，於是人員推銷技術開始受到重視，推銷人員爲達到銷售目標與目的，發揮各種各樣的推銷手法，興起五花八門的行銷造勢活動，開啓事件行銷的先河。

前面這三個階段，行銷的重點工作各不相同，雖然都各往前推進一大步，但是仍然停留在公司能生產什麼就賣什麼的時代。廠商發現公司所能生產的產品，和顧客需求與期望有著很大差距，於是開始主張改用行銷導向觀念，認爲公司生產品之前，必須先研究消費者行爲與購買習慣，所生產的產品正好就是顧客所需要的產品，行銷工作可以收到事半功倍的效果。行銷觀念（Marketing Concept）時代，行銷掛帥，行銷引導公司的策略方向，行銷扮演企業經營的先鋒，誠如美國百事可樂總裁的名言：「我們的業務就是行銷業務（Our business is marketing business）。」行銷觀念時代的行銷，無所不用其極，行銷造勢，拉高層次，擴大舉辦，不但將事件行銷發揮得淋漓盡致，而且成爲當今企業從激烈競爭中脫穎而出不可或缺的法寶。

社會行銷（Social Marketing Concept）觀念認爲行銷除了要爲企業創造最大行銷績效之外，必須本著「取之社會，用之社會」的崇高理念，重視行銷倫理，肩負有更遠大的社會責任，爲社會創造最大福祉。在此觀念下，舉凡環境保護，關懷社會，重視社會安全與安寧，維護公序良俗，防治汙染，防止噪音，節能減碳……，都是社會行銷觀念下的時代任務。社會行銷觀念把行銷核心從關心企業經營延伸到關懷社會，無論是日常行銷業務，行銷造勢活動，事件行銷，都必須把社會觀感與期望納入考量，善盡企業公民義務，在潛移默化之中，達到行銷的目標。這就是管理大師彼得・杜拉克（Peter Drucker）所說，行銷工作的極致就是要做到「使行銷成爲多餘」的境界。

4.4 組織結構與事件行銷

任何管理工作的推動與執行，都不是領導者或總經理一個人就能竟全功，而是需要透過組織力量的運作，才能順利達成目標，事件行銷也不例外。工欲善其事，必先利其器，組織是執行企業策略的工具，因此組織結構的設計必須跟隨策略與目標走。簡言之，要執行什麼策略，要達成什麼目標，需要設計適合的組織。天底下沒有最好（Best）的組織結構，只有最適合（Optimum）的組織結構。組織結構的設計，就好像人們穿衣服，量身訂做的衣服穿起來才合身；其他的公司運作得順暢的組織，不見得適用於自己的公司。

組織結構的設計牽涉到很多因素（註 7），包括 (1) 公司策略：要執行什麼策略需要設計合適的組織結構。(2) 公司規模：大企業、中小型公司所需要的組織結構各不相同。(3) 技術因素：採用傳統技術的公司，和使用先進技術的企業，作業方式與程序各不相同，所需要的組織結構也各異其趣。(4) 外部環境：企業經營環境穩定或動盪不安，產業競爭激烈或緩和，公司所需要的組織結構有很大的差別。(5) 銷售對象：銷售對象不同，公司需要有不同的組織結構，例如：銷售到工業市場與消費市場的公司，所需要的組織結構各不相同。

事件行銷的規劃與執行，和公司的組織結構息息相關。一般而言，組織結構的設計有下列幾種基本模式可循。

1. **功能式組織**：以管理功能與企業功能做爲劃分部門的基礎，例如：生產、行銷、人力資源、研發、財務、資訊等。

2. **產品別組織**：以公司產品或產品線劃分組織部門，例如：一般食品、健康食品、嬰兒用品、銀髮族用品、醫療用品等。

3. **顧客別組織**：以目標顧客做爲劃分組織部門的基礎，例如：個人顧客、批發商、零售商、企業用戶、政府機關、醫院、學校等。

4. **地區別組織**：按照地理區域做爲劃分組織部門的基礎，例如：將臺灣市場區分爲北部、中部、南部、東部、外島。

5. **事業部組織**：經營多事業的大規模企業，按照事業別劃分組織，例如：半導體事業部、房地產事業部、餐飲事業部、遊樂事業部、超商事業部。

6. **矩陣式組織**：又稱爲專案式組織，結合功能式組織與專案而成的特殊組織結構，如圖 4-2 所示。

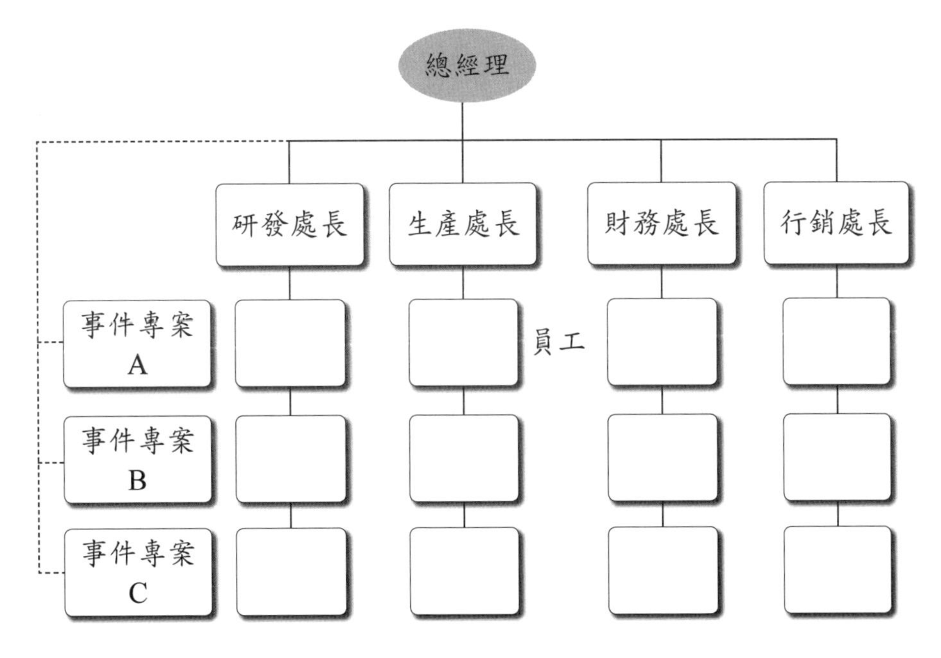

圖 4-2　矩陣式組織圖

中小型企業的業務相對比較單純，事件行銷的企劃與執行，沿用公司現有組織結構，由公司相關部門負責，例如：企劃部門、行銷部門、廣告部門，再指派專人協調，通常都可以勝任愉快。

大規模公司業務比較複雜，牽涉到的層面比較廣泛，不但經常舉辦事件行銷，而且舉辦的都是大規模活動，同一家公司可能舉辦好幾場事件行銷，甚至同一時段同時舉辦好幾種事件行銷，現有傳統式組織結構常會出現捉襟見肘現象。此時事件行銷的企劃與執行，常需要藉助外界專業機構的知識與力量，通常都會採用矩陣式組織結構。

矩陣式組織結構具有傳統組織的優點，同時帶有專案的彈性，例如：圖 4-2 中的專案 A、B、C，可能同時在進行，也可能先後執行，每一個專案各有不同功能的員工參與。專案結案後，員工可以調派到其他專案服務，可以迅速進入情況，也可以調回功能部門，擔任功能部門的工作。公司再舉辦其他專案事件行銷時，再從功能部門調派到專案部門工作，如此一來，可以充分應用人力資源。

矩陣式組織的缺點在於雙重指揮鏈問題，也就是員工同時接受兩位主管的指揮，一是功能部門主管，二是專案部門主管。兩位主管的命令若出現不一致時，員工會有無所適從的困擾。

4.5 企業事件行銷企劃要領

1. 企業內部事件行銷

企業內部事件行銷，顧名思義是指針對公司內部員工所舉辦的活動，有些公司把經銷商也視同內部同仁，舉辦活動的時間與內容雖然不見得相同，但是企劃要領並無差異。

企業內部事件行銷企劃要領，包括下列各項：

(1) 舉辦時間及地點：確定舉辦時間，及早選定地點，若需要向外租用場所，通常要在半年前預訂，以免向隅。

(2) 慎選參加人員：按照活動性質，慎選參加人員，包括在活動現場服務的人員，將公司資源做最有效的應用。

(3) 活動內容：若要舉辦教育訓練，訓練課程必須和活動主題相匹配，並且禮聘專家、學者擔綱，避免出現冷場。

(4) 交通安排：遠道同仁及經銷商同仁的交通，需要有適當安排，搭乘大眾運輸工具者的接駁方式，自行開車前往的路線指示，都要有具體而詳細的規劃。

(5) 食宿安排：到外地舉辦活動時，食宿要統一安排，尤其是素食者應事先調查，預作安排，住宿房間應考慮的安全問題。

(6) 茶水、點心：活動期間供應的茶水、飲料、點心，這些細節都要列入考量。

2. 百貨公司週年慶事件行銷

百貨公司週年慶是涉及外部利益關係人的典型事件行銷，通常都是超越促銷活動的大規模事件行銷，因爲動見觀瞻，成爲各方關注的焦點，「只許成功，不許失敗」的要求更爲明顯。企劃要領包括下列各要點：

(1) 以促銷活動爲主軸：百貨公司週年慶的重頭戲就是在促銷產品，促銷品項與方式，必須要有詳實規劃。

(2) 決定促銷品項與方法：哪些產品有促銷，促銷方法如何，哪些產品沒有參與促銷，必須在活動企劃中交代清楚。

(3) 決定促銷誘因大小：促銷誘因必須拿捏得宜，誘因太小，沒有吸引力，乏人問津；誘因太大，成本高昂，所費不貲。過與不及，均非所宜。

(4) 上游廠商共襄盛舉：發動及邀請上游供應廠商參與事件行銷活動，提供促銷誘因，共同推廣供應廠商的產品。

(5) 金融機構前來相助：邀請金融機構參加事件行銷活動，消費者購物使用該金融機構的信用卡刷卡者，給與酬謝贈品或其他誘因，共同炒熱活動氣氛。

(6) 各樓層配合活動：規劃各樓層提供額外贈品或謝禮，禮多人感激，達到拉抬聲勢的造勢效果。

(7) 動線規劃，井然有序：百貨公司周圍交通動線，顧客排隊等候進場的路線，以及顧客進場後的流動路線，都需要有完整規劃，事前演練，才能做到井然有序的境界。

(8) 發號碼牌減少排隊擁擠現象：預估每天所要提供排隊商品數量，安排顧客排隊時間與地點，採用發號碼排方式，抒解排隊人潮，減少顧客抱怨。

(9) 館內外維持良好秩序：安排專人負責引導及維護百貨公司內外秩序與安全，使顧客享受輕鬆愉快而安全的購物環境。

(10) 媒體配合報導：提供活動相關資訊，邀請媒體記者報導活動消息，一方面和媒體維持良好的關係，一方面達到行銷造勢效果。

4.6 企業內部事件行銷

企業內部事件行銷幾乎天天都在上演，大大小小的事件，可以區分爲兩大區塊，其一是事件行銷對象聚焦於公司內部人員的教育訓練，其二是事件行銷對象以涉及外部顧客爲主的大型活動，尤其是百貨公司週年慶事件行銷。本節先討論針對企業內部員工的大型教育訓練活動。

訓練（Training）是指組織爲了促進員工工作相關職能的學習，所進行的一種計畫性活動（註 8）。狹義的訓練聚焦於員工職能訓練，以增進及改善現有工作技能爲主，包括新進人員與現有員工的訓練，例如：職前訓練，在職訓練，職外訓練（註 9）。

廣義的訓練又稱爲管理發展（Management Development）或員工教育，偏重拓展員工的技能範疇，目的是在因應未來的責任要求及職涯成長的需要（註 10）。由此可知，廣義的訓練牽涉廣泛的範圍，包括參與公司領導階層的管理會議，參與公司內外各種活動，參加專案歷練，講究身教與言教，可以收到耳濡目染的效果，這些通常都不是在課堂上可以學到的領導知識與技能。

作者曾經每年都舉辦企業內部事件行銷，以員工教育訓練爲主軸，訓練對象包括公司管理階層同仁，以及經銷商老闆與經理人，規劃許多相關活動，拉高層次，擴大舉辦，當作企業內部事件行銷處理，如圖 4-3 所示。

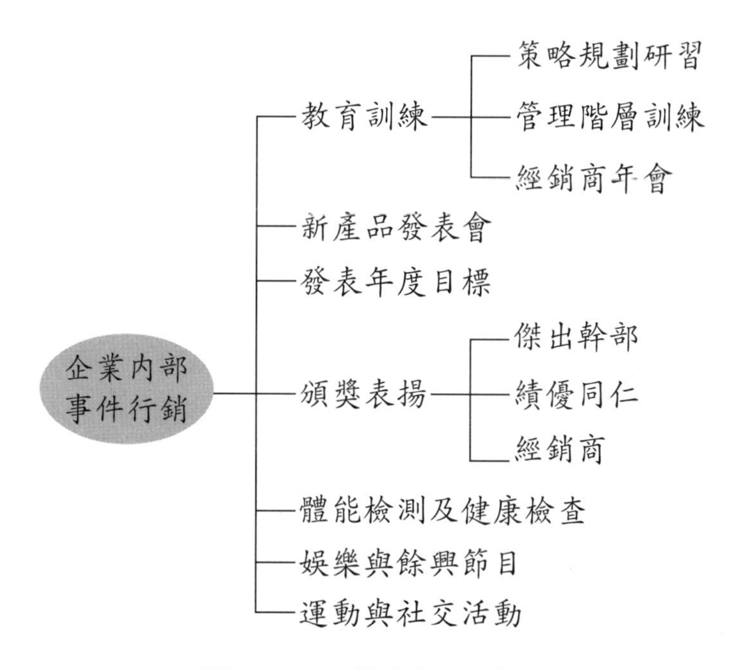

圖 4-3　企業內部事件行銷

1.教育訓練

教育訓練區分爲三大類別，舉辦時間不同，訓練對象不同，訓練課程內容也不相同。每年選定在救國團各地活動中心舉辦，三天兩夜的活動，寓教於樂，達到教育訓練與休閒娛樂的多重目的。

(1) 策略規劃研習：每年 7 月份開始啓動策略規劃研習會議，邀請公司經理級以上主管及指定幹部參加。研習重點有二，一是檢討到今年上半年爲止，公司經營目標與策略執行情形與成果，並且討論是否採取必要修正行動；二是超前部署，展開下一年度策略規劃工作，做爲新年度經營目標、策略指導方針，指引各部門研訂工作計畫，編定預算的依據。

(2) 管理階層訓練：不定期舉辦管理階層訓練，指定公司主管人員及同仁參加，禮聘專家及學者講授相關課程，特別重視角色扮演與實作訓練，提升主管人員的管理能力。

(3) 經銷商年會：每年年底舉辦經銷商年會，邀請全體經銷商老闆及經理人參加，檢討當年度銷售績效，表揚績優經銷商及經理人，發表明年度目標。

2.新產品發表會

藉著教育訓練機會與場合，舉辦新產品發表會，發表及展示新產品的名稱、特色、包裝、功能、目標銷售對象，最佳飲用場合，教導推銷技巧與方法，以及試飲新產品，讓公司員工及經銷商同仁，充分瞭解公司即將推出的各項新產品。

3.發表新年度目標

發表年度目標爲公司事件行銷的重點工作，由公司總經理親自發表，對象包括員工及經銷商，除了發表總體目標之外，並提示新年度重點工作及方向，達到全員共識的目的。

4.頒獎表揚

無論是管理階層訓練或經銷商年會，都安排有頒獎表揚節目。管理階層訓練旨在表揚傑出幹部與績優同仁；經銷商年會頒發的獎項很多，包括達成年度總目標獎、達成各季別目標獎，重點產品達成目標獎，新客戶開發獎，市場維護績優獎，顧客滿意績優獎，倉儲設施改善績優獎，優秀經理人獎。

5.體能檢測與健康檢查

利用教育訓練場合，安排為員工及經銷商同仁做體能檢測及健康檢查，關心員工身心健康，深受好評。

6.娛樂與餘興節目

教育訓練選擇在救國團各地活動中心舉辦，風景優美，安靜舒適，訓練設施齊全，住宿、聚餐方便，非常理想的訓練場所。白天進行教育訓練，晚間安排娛樂與餘興節目，引導公司員工與經銷商同仁做輕鬆愉快的團體遊戲，聯絡感情，抒解壓力，達到寓教於樂的目的。

7.運動與社交活動

教育訓練安排在救國團各地活動中心舉辦，另一個好處是同仁們早上早起運動，呼吸新鮮空氣，好友陪伴散步、聊天，享受都市所沒有的悠閒生活，達到社交與聯誼活動目的。

4.7 企業外部事件行銷

企業舉辦外部事件行銷的機會很多，舉辦的類型與方式更是五花八門，不勝枚舉，為節省篇幅，本節選擇規模最大，最受社會關注，最具有代表性，而且和消費者關係最密切的活動，剖析及討論一般大型百貨公司舉辦週年慶事件行銷的作法。

臺語有一句話說：「未到冬至，都在搓湯圓，冬至一到，哪有不搓湯圓的道理」，百貨公司一年一度的週年慶，不僅是百貨公司值得慶祝的週年慶大事件，同時也是消費者引頸企盼的最佳購物時節。各大百貨公司都會卯足勁，掌握重要機會，很早就在用心規劃，精心設計與安排，不只推出最佳促銷方案，更重要的是把整個活動包裝成更高層次的事件行銷議題，轟轟烈烈舉辦週年慶事件行銷。

以往認爲「禮多人不怪」，現在則盛行「禮多人感激，禮多人稱讚」。百貨公司舉辦週年慶事件行銷，競相提供很多優惠方案「禮遇顧客」，項目之多，內容之豐富，常令顧客目不暇接，甚至眼花繚亂。很多商品平時不提供折扣優惠，只有週年慶期間才推出促銷優惠，配合行銷造勢活動，吸引購物人潮，形成一種非常特別的事件行銷。百貨公司舉辦週年慶事件行銷，所推出的活動，如圖 4-4 所示。

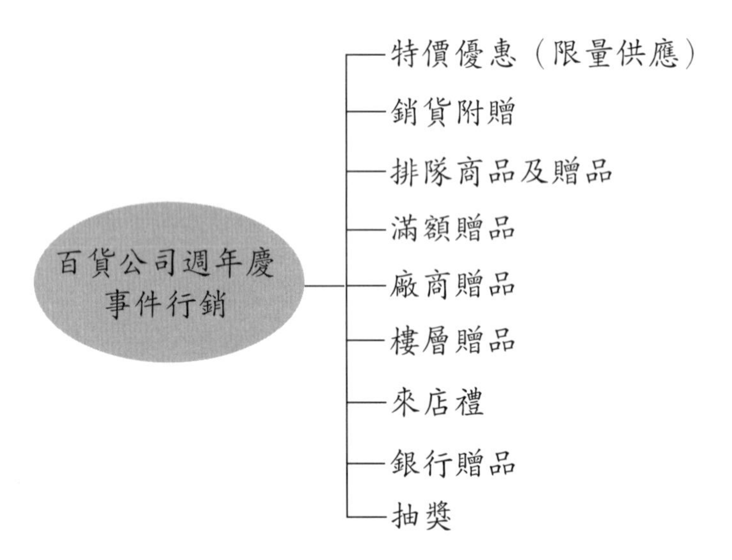

圖 4-4　百貨公司週年慶事件行銷

1. **特價優惠**：許多商品不但規劃有特價優惠，而且優惠幅度相當有吸引力，例如：化妝品平時沒有折扣優惠，只有週年慶期間才提供大幅度優惠，通常都採用每日限量供應方式，吸引顧客趁早選購，以免向隅。女性顧客都會趁著週年慶優惠期間，一次購足全年的需求量，早在前期造勢階段，就在用心研究所要購買的品牌、品項、內容、規格、包裝、數量、價格，以及其他優惠贈品，以便捷足先登。

2. **銷貨附贈**：週年慶期間，顧客購物達到一定數量或金額，銷貨附贈贈品或禮券，酬謝顧客惠顧，贈品可能和所購買的商品相關，也可能沒有相關，只要贈品具有吸引力，促銷效果非常可觀。因爲是銷貨附贈的額外贈品，大多數顧客都趨之若鶩，甚至是爲了要獲得該項贈品，努力湊足購買數量及金額。

3. **排隊商品**：排隊商品是百貨公司週年慶事件行銷的一大特色，公司選擇少數幾項當前最受歡迎的商品，刻意操作成「物以稀爲貴」形象，價格雖然特別優惠，但是採取限量供應方式，行動緩慢就買不到。顧客爲了要購得該項商品，不惜一大早就來排隊，即使天氣炎熱，颳風下雨，也甘之如飴。進到館內還得再大排長龍，等候購買，人潮再怎麼擁擠，也毫無怨言。

4. **滿額贈品**：顧客購買商品達到一定金額者，贈送滿額禮贈品，購買金額愈多，贈送贈品愈多，多買多送，鼓勵顧客多量購買。滿額贈品可以是實體商品，也可以是該百貨公司的禮券、提貨券、抵用券、優惠券。

5. **廠商贈品**：上游廠商爲利用百貨公司週年慶活動期間推銷產品，通常都會響應百貨公司的事件行銷，共襄盛舉。凡是顧客購買該公司產品，除了提供價格優惠之外，額外贈送該公司產品，例如顧客購買棉被時，贈送枕頭、被套。

6. **樓層贈品**：百貨公司舉辦各樓層銷售業績競賽，各樓層爲爭取良好業績，紛紛提供樓層贈品，吸引顧客前來該樓層購物。

7. **銀行贈品**：現代人購物都採用銀行信用卡刷卡付款，以致銀行之間的競爭也相當激烈，百貨公司週年慶期間，當然要來參一腳。於是週年慶期間，各來往銀行服務人員在現場協助顧客刷卡，並且贈送贈品，酬謝顧客使用該銀行信用卡。

8. **來店禮品**：百貨公司爲吸引顧客前來惠顧，常推出來店禮品做號召。顧客無需購買商品，只要憑會員卡即可獲贈來店禮品一份。來店禮通常都是實用的小贈品，例如：雨傘、手電筒、小背包。

9. **抽獎活動**：抽獎活動也是週年慶活動的重頭戲，凡是顧客在活動期間購物達一定金額者，即贈送抽獎券一張，多買多送。顧客在抽獎券上塡寫個人資料，投入抽獎箱即可參加抽獎，抽中者另行通知領獎。抽獎活動另一功能是在蒐集及建立顧客資料，擴大顧客基礎，一舉兩得。

百貨公司週年慶事件行銷是百貨業的年度大戲，以往一個星期的活動拉長到兩個星期，現在幾乎都拉長到一個月。週年慶期間的銷售業績占全年業績很高的比例，因此各百貨公司都摩拳擦掌，卯足全勁，祭出多項優惠及贈送禮品，爭取顧客的青睞。以往常說「禮多人不怪」，現代的競爭應該改爲「禮多人感激，禮多人歡迎」。

4.8 本章摘要

企業每天都在上演各式各樣的事件行銷活動，從大規模、中型規模、小規模，應有盡有，令人目不暇給。企業活動種類繁多，有單純涉及企業內部者，只有公司員工參與，有涉及外部利益關係人者，無論活動規模與類型如何，都必須以公司經營理念爲依歸。活動企劃人員必須瞭解行銷觀念的演進，以及組織結構設計方法，規劃最適合的事件行銷活動。

本章從實務觀點論述企業內部與外部事件行銷企劃要領，內部事件行銷以員工教育訓練為主軸，擴大舉辦多項相關活動的企劃要領。外部事件行銷以百貨公司週年慶促銷活動為主軸，拉高層次所舉辦各種活動的企劃要領。

最後以案例呈現方式，介紹企業內部事件行銷的作法，包括教育訓練、新產品發表會、發表年度目標、頒獎表揚、體能檢測與健康檢查、娛樂與餘興節目、運動與社交活動。企業外部事件行銷選擇社會關切，最具代表性，和消費者關係最密切的百貨公司週年慶事件行銷，包括特價優惠、銷貨附贈、排隊商品及贈品、滿額贈品、廠商贈品、樓層贈品、來店禮、銀行贈品、抽獎。

參考文獻

1. 林隆儀著，2017，策略管理：原理與應用，雙葉書廊有限公司，頁11。
2. 同註1，頁85。
3. 同註1，頁85-86。
4. 許士軍主編，2003，管理辭典，華泰文化事業股份有限公司，頁82。
5. 林隆儀著，2015，促銷管理精論：行銷關鍵的最後一哩路，五南圖書出版股份有限公司，頁9。
6. Kotler, Philip, and Kevin Lane Keller, Marketing Management, Global Edition, 14e., p.541, 2012, Pearson Education Limited, England.
7. 同註5，頁207-210。
8. 吳秉恩審校，黃志良、黃家齊、溫金豐、廖文志、韓志翔合著，2013，人力資源管理，第三版，華泰文化事業股份有限公司，頁269。
9. 張緯良著，2019，人力資源管理，第五版，雙葉書廊有限公司，頁171。
10. 同註8，頁269。

企業內部活動　事件行銷良好議題

臺語有一句俚語說：「未到冬至，都在搓湯圓，冬至一到，哪有不搓湯圓的道理」。企業經常需要舉辦造勢活動，爭取曝光機會，掌握加分效果，但是常常苦於沒有合適議題，以致難免會有不知所措的落寞感。受到這一句俚語的啓示，不但茅塞頓開，豁然開朗，而且融會貫通，把事件行銷辦得有聲有色。

企業內部活動項目繁多，範圍廣泛，包括新產品上市，新商場開幕，新工地動土，新大樓落成，獲頒獎項，通過認證，週年慶活動，員工運動大會，股票上市掛牌，舉辦或贊助大型體育賽事或公益活動……，不勝枚舉。這些議題中，有些是每年都會遇到，有些則是可遇不可求，甚至既使刻意追求也不一定可以如願。平時苦無重大議題可以發揮，遇到這些難得的題材，廠商都會大肆宣傳，趁機舉辦事件行銷。

微風廣場每年都選擇在母親節前夕，舉辦「微風之夜」封館事件行銷，去年（2019）的主題訂為：「Crazy Luxe Asia 微風亞洲瘋狂購物之夜」，舉辦封館趴，精心布置會場，搭建豪華舞臺，動線規劃與管制，憑貴賓券入場。活動當晚，眾星雲集，爭奇鬥艷，整個賣場被前來參與盛會的貴賓擠得水泄不通。把原本單純的促銷活動拉高為事件行銷層級，利用感謝母親恩典時節舉辦活動，不僅成功的達到企業造勢目的，更難能可貴的是一夜之間創造了 13.6 億元的亮麗業績。

全球化大型企業集團，常常會將表揚績優幹部，包裝成令參與者畢生難忘的事件行銷活動。這類公司的員工分散在全球各地，人數動則往往上百萬人、數十萬人或數萬人，企業總部都會用心規劃，嚴格甄選，邀請年度績效表現特別傑出的菁英幹部及各一位眷屬陪同，遠赴刻意挑選的其他國家，有如夢幻般的浪漫城市，參加為期數日的表彰大會及相關活動。整個事件行銷活動設計得非常精緻，會場布置得美輪美奐，接待人員和藹親切，除了讓人驚奇之外，也深深感受到賓至如歸的溫馨氣氛。活動節目豐富而精彩，表揚流程充滿創意與巧思，讓與會幹部感受到被表揚的最高榮譽，讓同行眷屬身歷其境的體驗家人（可能是另一半）接受公司表揚的溫馨與榮耀。接受表彰的幹部都會因為受到崇高的激勵，深受感動，真情流露，在眷屬見證與全力支持下，誓言為公司做更大的貢獻。

中國有一家全球性大規模企業，選擇在公司週年慶時，舉辦大型户外徒步健行活動，以實際行動支持公益募款事件行銷。號召員工、客户、合作夥伴、媒體機構，組隊共襄盛舉，4 人為一組，挑戰 50 公里高難度徒步健行，路程預計超過 8 小時。徒步健行穿越長城某一段風景區，需要日夜兼程，團隊合作，共同克服困難。活動規劃細膩，設想周到，除了提供裝備之外，遠道而來的參賽者，前一天及活動結束時，由主辦單位安排住宿。完賽者可以獲得國際越野賽跑協會的積分認證，優勝的團隊與個人，另頒發團隊榮譽獎牌，個人榮譽獎牌。

企業內部活動，顧名思義是企業自行舉辦的各種活動。有些企業抱持「獨樂樂」的心態，低調舉辦，默默行事，既使贊助公益活動，也堅持為善不欲人知，心安理得。現代企業講究積極進取，展現活力，不但主張「眾樂樂」，而且還要「及時行樂」，適時分享喜悅，既使是內部活動也要小題大作，大肆宣傳，透過媒體廣為傳播。在苦無合適的活動題材之際，發現企業內部活動也是事件行銷的良好議題，透過活動包裝手法，擴大範圍與規模，拉高行銷層級，把活動辦得有聲有色，一方面引起社會共鳴，吸引消費者熱烈參與，一方面達到為企業造勢目的，增加公司曝光機會，增進企業良好形象，一舉數得。

研討問題

1. 訪問一家你所熟悉的公司，瞭解其經營理念與企業文化，以及最近所舉辦的一場事件行銷，請評論這三者的匹配程度與優缺點。
2. 請訪問一家經營多事業的公司，描述其事業特色，討論矩陣式組織的適用場合及其優缺點。
3. 請回顧你所服務的公司，最近舉辦的高階主管教育訓練與發展活動，討論所安排的活動內容及獲得的成效。
4. 請訪問一家百貨公司，瞭解最近一次週年慶事件行銷所推出的項目與作法，評論各項活動的優缺點。

第 5 章

運動賽事與事件行銷

5.1　前　言

5.2　運動行銷的意義與分類

5.3　運動賽事的行銷組合

5.4　路跑運動賽事的參賽規則

5.5　路跑運動賽事的企劃要領

5.6　本章摘要

參考文獻

個案研究：馬拉松賽跑　事件行銷新寵

研討問題

附錄：2020臉部平權運動　臺北國道馬拉松競賽規程

5.1 前言

隨著人們生活水準提高，運動強身，鍛鍊體魄，成爲人們每天例行的重要功課，加上政府的鼓勵與大力推展，以及企業紛紛熱情贊助，體育運動不只是學生在學校必修的課程，如今已經成爲人們自發性的熱門功課。各種體育運動賽事愈來愈普及，愈來愈受到重視，成爲一種相當特別的新興產業，運動行銷之供給與需求乃應運而生。

運動賽事的種類繁多，有各種競技運動，如田徑、體操、馬拉松……；有各種球類競賽，如籃球、足球、棒球……；有水上運動，如游泳、跳水、划船……。有個人技能競賽，如跳高、跳遠、舉重……；有團體合作競賽，如棒球、籃球、足球、接力賽跑……。有小規模的學校或社區競賽，有全國性的運動賽事，有全球性的奧林匹克運動競賽，不一而足。

運動行銷本身就是一種事件行銷，把各種運動賽事視爲一種高層次的事件行銷，廣爲推廣，蔚爲風氣。本章順應時代潮流，討論運動行銷的意義，運動產業與運動賽事的分類，運動賽事行銷組合策略，馬拉松路跑賽事企劃要領。

5.2 運動行銷的意義與分類

運動賽事是運動行銷很重要的一環，各種運動最後都走上競賽一途，包括體能競賽與技能競賽。根據教育部體育大辭典的定義，運動（Sport）是指任何種類的遊玩、消遣、運動、遊戲與競爭，不論是在室內或室外，以個人或團體比賽爲主的部分，這種比賽的操作包含某種技巧和身體的超越技能。質言之，運動是指具有遊戲、休閒活動、業餘運動和／或職業運動特質，其目的在於追求娛樂和樂趣，提升體適能和健康，追求卓越之競爭表現，所從事個人或團體的各種參與性或觀賞性的事件活動（註 1）。

運動行銷（Sport Marketing）的範圍比較廣泛，通常是指在運動產業中，規劃與執行有關運動的概念、商品、服務、組織和事件的形成、定價、促銷、通路與公共關係的過程，目的在於創造交易來滿足個體與組織的目標（註 2）。簡言之，運動行銷是指有關體育運動領域的行銷工作，包括兩個層面，一是各種運動項目的行銷，例如：舉辦世界棒球錦標賽，世界大學運動會；二是透過運動達到行銷的目的，例如：臺北市舉辦聽障奧運會，達到行銷城市的目的；日本舉辦東京奧運會達到行銷城市與國家的目的。

狹義的運動行銷，旨在分析及瞭解消費者對運動的需求，吸引他們熱情參與各種運動項目，進而滿足他們的運動需求。運動賽事範圍更狹隘，聚焦於個人或團體參加各種體育運動競賽事宜。

體育運動屬於五育（德、智、體、群、美）的範疇，其中「體」育所重視的是指人們要有健康、活潑的身體，運動就是在提倡及確保人們擁有健康的身體。組織或個人舉辦及參與各種體育運動，必須遵循下列四項原則（註 3）。

1. 運動結合藝術，做到體育藝術化：行其和樂，行之無倦，有節奏、有規律，才能保持健康的身體。

2. 運動不只是個人運動，也是一種群體活動：群體互助合作，成員相輔相成，才有比賽，才有進步。

3. 嚴守紀律，發揮運動家精神：任何一種運動與球賽，都必須有一份共同遵守的規則，在規則的規範下進行競賽。

4. 體育競賽有勝有敗，乃兵家常事：運動員必須本著聞勝不驕，聞敗不餒的態度，再接再厲，堅忍奮鬥，從失敗中求改進。

根據教育部體育大辭典的定義，運動賽事（Sport Event）是指任何種類的遊玩、消遣、運動、遊戲與競爭，以個人或團體比賽為主要部分，包含某種技巧和身體的超越技能。引伸而言，運動賽事可以區分為兩個層次：個人層次和組織層次。前者是指個人即可參與的各種體育運動，例如：各種田徑賽、路跑及馬拉松運動……，後者是指需要兩人以上組隊參與的競賽，例如：棒球賽、籃球賽、排球賽、壘球賽…。其中影響運動賽事的關鍵因素如下（註 4）。

1. **個人層次**：(1) 促進與家人之間的和諧關係：家人的認同與鼓勵，會影響個人學習及參與運動的興趣與毅力。(2) 培養自我獨立性：強烈的自我獨立性，增強個人參與運動的動機。(3) 激發自我潛力：個人的潛力受到激發，會激起人們更熱衷於參與運動。

2. **組織層次**：(1) 參與路跑活動之附加價值：參與運動賽事獲得身心健康與舒暢的感受愈明顯，愈想要繼續參加。(2) 公司品牌形象：舉辦賽事的公司形象愈佳，吸引參加運動的誘因愈強烈。(3) 過去主辦路跑運動之經驗：主辦單位舉辦運動賽事的經驗愈豐富，吸引參與運動的力道愈強勁。

體育運動本身是一個相當龐大的產業，包括和體育與運動相關的許多產業，可區分為三大部分，(1) 運動表現產業：參與性與觀賞性運動，如職業與業餘運動，提供選手們表現各種運動技能的平臺。(2) 運動製造產業：生產用於運動表現的產品，如運動設備與器材、運動服裝，以及周邊各種運動產品與用品。(3) 運動促銷產業：運動媒體、產品的推廣規劃、願意贊助、運動員代言，有助於各種運動賽事的傳播與推廣（註 5）。

運動產業的分類有多種標準，有按照運動項目分類者，有根據運動普及程度分類者，有按照主要運動項目和延伸項目分類者，不一而足。Parks & Zanger（1990）以運動事業別做為分類的基礎，將運動產業（Sport Industry）區分為下列 14 種（註 6），如圖 5-1 所示。

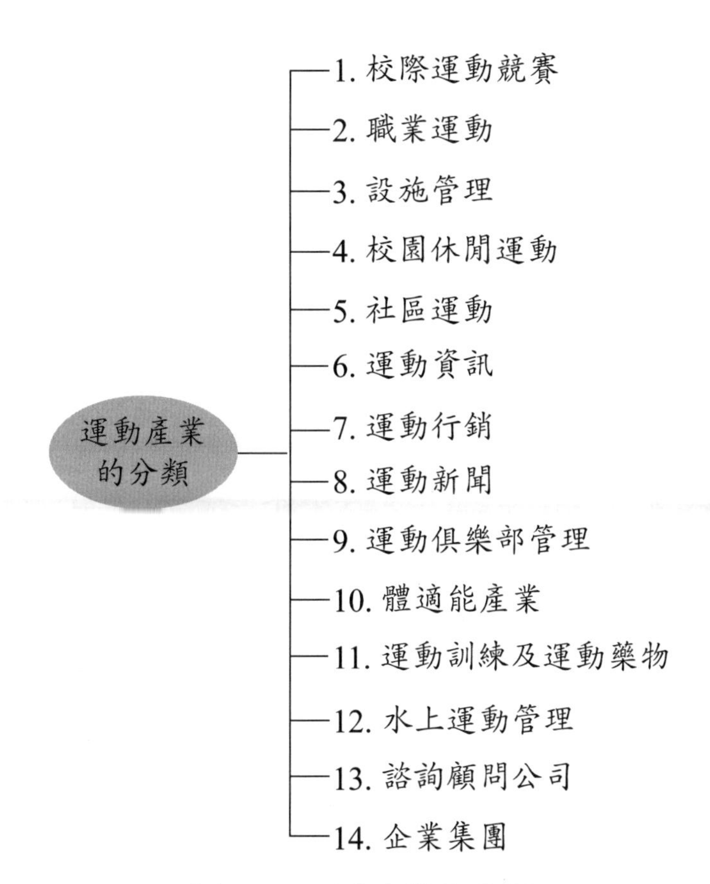

圖 5-1　運動產業的分類

由圖 5-1 可知，運動行銷是運動產業的一個支流，聚焦於體育運動的行銷事宜，包括運動行銷的企劃、執行、管理與績效評估，提供及滿足廣大消費群對運動的需求。

運動賽事包括個人與團體運動技能競賽，範圍非常廣泛，本章參考 2020 東京奧運競賽項目（註：受到新冠肺炎疫情的影響，東京奧運將延到 2021 年舉辦），以及國人最熟悉、最喜愛的運動競賽項目，將運動賽事區分爲三大類：競技類、球類、水上運動類，每一類別各有許多競賽項目，如圖 5-2 所示。這些競賽項目還有更細分的競

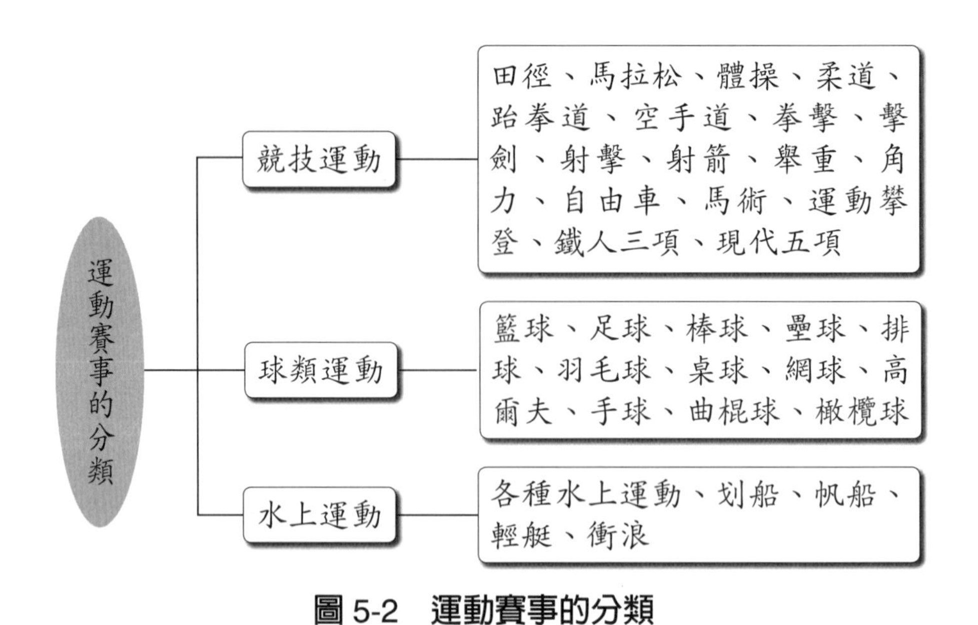

圖 5-2　運動賽事的分類

賽項目，例如：2020 年東京奧運會細分為 339 項競賽項目。

5.3　運動賽事的行銷組合

行銷組合（Marketing Mix）的 4P 策略被廣泛應用到各種領域的行銷，也被應用於運動行銷策略的研擬。1960 年代，Jerome McCarthy 從生產者的觀點，率先提出行銷組合策略，亦即產品（Product）、價格（Price）、通路（Place）、推廣（Promotion），這就是大家所熟悉的 4P 行銷組合。組合（Mix）是指公司在研擬行銷策略時，這 4 項基本要素必須同時納入考慮，不可偏廢，才能使行銷策略務實可行。

1993 年美國北卡羅萊納大學 Robert Lauterborn 教授，認為從生產者的觀點看行銷，單方思考，不切實際，容易陷入「老王賣瓜，自賣自誇」的險境。於是從消費者立場提出 4C 組合策略，主張生產廠商在研擬行銷策略時，必須站在消費者的立場思考，心中有顧客，迎合需求，才容易贏得青睞。所謂 4C 組合就是 (1) 廠商所生產的產品必須迎合消費者的需求與慾望（Consumer wants and needs）；(2) 所訂定的價格必須是消費者願意支付，且有能力支付的合理價格（Cost to satisfy the wants and needs）；(3) 所規劃的通路必須方便消費者購買（Convenience to buy）；(4) 所研擬的推廣策略，必須有助於和消費者進行有意義的溝通（Communication）（註 7，註 8）。

運動行銷是一種典型的互動行銷，必須和消費者進行密切互動，運動行銷才有存在的空間，否則只不過是一場沒有觀衆的閉門表演罷了。就像今年（2020）新冠肺炎疫情肆虐期間，各種運動競賽不是暫停舉辦，就是被迫淪爲沒有觀衆的競賽，多麼掃興。生產導向觀念下的 4P，只站在生產者的立場思考，缺乏和消費者互動的機制，當然不是理想的企劃方案。至於消費者導向下的 4C 觀念，主張以消費者的需求爲依歸，積極和消費者互動，這才是運動行銷的典範。

運動行銷過程中，影響運動賽事最具關鍵因素，首推由行銷 4P 策略延伸而來的 5P 策略（註 9）。

1. **產品策略**（Product）：講究產品品質，加強客戶服務。核心產品包括運動項目及運動員，很多消費者購買運動行銷「產品」，是因爲看上「運動項目」與「運動員」而來，例如：購票觀賞棒球賽，更想要欣賞陳偉殷投球的威風，以及欣賞楊岱鋼揮出全壘打的英姿。

2. **價格策略**（Price）：確定行銷目標對象，訂定迎合需求的價格。廠商所訂定的價格必須是消費者付得起，而且願意支付才有意義，例如：不同觀賞區域通常都會採取差別定價法，所謂差別定價必須符合現實狀況，讓消費者覺得值回票價，甚至物超所值，願意買單。

3. **通路策略**（Place）：活用運動贊助，強化通路形象。通路是主辦單位和顧客約會、溝通的地點，除了主辦單位之外，贊助單位也扮演舉足輕重的角色，對提高運動行銷形象大有幫助，例如：安泰人壽所贊助的臺北馬拉松賽，非常具有吸引力。

4. **推廣策略**（Promotion）：定期檢視績效，具體呈現效益。推廣策略旨在推展運動行銷業務，以呈現活動效益為手段，鼓勵更多人來參與競賽，吸引更多人來觀賞競賽，激發更多企業踴躍贊助，達到全民運動，共襄盛舉的目的。

5. **公關**（Public Relation）：創造品牌形象，型塑企業文化，展現企業價值。運動行銷要廣為人知，必須藉助媒體的報導，要讓媒體願意報導與傳播，和媒體機構及記者保持良好關係，就顯得特別重要。

蘇格蘭愛丁堡 Queen Margaret 大學商學，企業與管理研究所教授 Chris A. Preston 主張事件行銷應以顧客為核心，因而提出下列 6P 架構，這 6P 相輔相成，互相增強，可以使運動行銷達到更完美的境界（註 10）。

1. **產品**（Product）：主辦單位提供給顧客的是什麼，活動是結合具體與抽象的一種混合體，其中核心產品扮演關鍵角色。

2. **價格**（Price）：分析活動要投入多少成本，要向參與者收取多少費用，重點是要站在顧客的立場思考，訂定顧客可以接受的價格。

3. **推廣**（Promotion）：活動是吸引潛在顧客注意力的一連串動作，包括廣告、公關、促銷，透過各種媒體的力量，為活動做最佳宣傳。

4. **人員**（People）：直接接觸參與者所有活動的優秀工作人員，主辦單位的工作人員必須是訓練有素，瞭解服務工作之重要性的人員。

5. **地點**（Place）：地點和產品息息相關，在哪裡辦活動，會影響顧客參與的意願，也會左右顧客的心情，舉辦單位都想要提供最有利的環境。

6. **流程**（Process）：是指訂定和利用一場活動的機制，流程是提供給顧客用來參加活動的規範，重點是讓顧客容易瞭解，容易報名，容易參與活動。

除了基本的5P或6P之外，運動行銷和「人員」、「程序」、「實體環境」都有密切關係。人員（People）包括參與競賽的運動員，觀賞運動賽事的顧客，以及企劃及執行運動行銷的相關人員。程序（Process）是指運動行銷作業運作過程，例如：報名、抽籤、競賽過程、獲獎、頒獎，都有一定的嚴謹程序可循。實體環境（Phyoioal Nature）是指運動行銷工作所面對的實體環境，如場館設施、訓練場所、安全設施、停車場。運動行銷的問題不在於幾個P，最重要的是要避免掛一漏萬，縝密的思考，完整的規劃，將整個運動賽事做最完美的呈現，給參賽者及顧客留下深刻而難忘的回憶。

5.4 路跑運動賽事的參賽規則

運動賽事的範圍非常廣泛，項目非常多元，從個人競技到團體競賽，從國內活動到國際賽事，應有盡有。根據新北市政府體育處的調查資料顯示，最受國人喜愛的運動項目，前五名分別爲散步（42.7%），慢跑（25.7%），騎腳踏車（14.4%），籃球（13.4%），爬山（9.9%），前兩項就占了68.4%，足見路跑受國人歡迎的程度（註11）。

本章接下來聚焦於國人最喜愛的路跑／馬拉松，討論路跑賽事規則，以及賽事規則企劃要領。

路跑運動賽事企劃案，包括提供給參與競賽選手遵循的一份競賽規則，有些活動將這份規則稱爲「活動簡章」，有些稱爲「賽事規則」，有些稱爲「競賽規程」，不一而足。儘管名稱各異其趣，內容都是在規範參與競賽時，大家必須共同遵守的遊戲規則。

路跑運動賽事參賽規則，通常都包括下列各項：

1. 活動目的：明示舉辦路跑活動的主題與目的。

2. 主辦單位：揭示主辦單位與協辦單位，以昭公信。

3. 活動日期：明確指出活動日期。

4. 活動地點：指出活動地點，路跑路線，活動範圍。

5. 活動時間：活動當天的詳細時程。

6. 報到時間：活動當天報到時間。

7. 起跑時間：明確指出路跑起跑時間。

8. 路跑路線：經過路線，包括起跑地點，終點地點，路程距離。

9. 關門時間：起跑後的關門時間。

10. 沿途補給：沿途補給站，補給項目。

11. 報名事項：參加資格，報名方式，報名費用，活動保險，紀念品與獎牌，退費方式。

12. 注意事項：其他注意事項。

「活動規則」鉅細靡遺的詳細記載路跑活動規則的每一項目，必須超前部署，及早規劃，在報名前就要公告周知，吸引有興趣參與的人士踴躍報名參加。今年（2020）臉部平權運動—臺北國道馬拉松賽跑競賽規程，如本章附錄（註 12）。

5.5 路跑運動賽事的企劃要領

隨著人們生活水準提高，消費者對運動的需求也隨著水漲船高，如前一節所討論，運動競賽項目很多，有些需要有裝備才能參加，有些只需強健體魄就可以參與。

馬拉松屬於比較特別，規範非常嚴謹的一種路跑運動，也是奧運會非常受矚目的運動項目，通常都不是報名就可以參加。一般而言，想要參加奧運馬拉松賽跑的選手，必須要在前一年通過國際田徑總會馬拉松國際認證比賽，而且成績達到一定標準，才有資格參加。全球最熱門的國際馬拉松，如紐約、波士頓、芝加哥、東京、柏林、倫敦等城市舉辦的馬拉松競賽，兩年前就開始報名，由於來自全球的報名者非常踴躍，競爭非常激烈，經過抽籤程序，抽中者才能參加，而且報名費相當高昂。一般而言，馬拉松競賽項目分爲三種類型：(1) 超級馬拉松：100 公里或以上；(2) 全程馬拉松：42.195 公里；(3) 半程馬拉松：21 公里。

我國政府相關單位及民間企業單位，也都有舉辦全國性路跑運動，政府單位舉辦者，例如：太魯閣峽谷馬拉松、臺北馬拉松、萬金石馬拉松、日月潭馬拉松；民間組織機構舉辦者，例如：富邦臺北馬拉松、舒跑杯馬拉松、渣打公益馬拉松、長榮航空城市觀光半程馬拉松。

路跑屬於一種全民運動，也是一種健康運動，由於政府相關單位大力推展，加上民間企業的熱情贊助，喜愛的人最多，限制條件最少，無需場館，無需裝備，不受年齡、性別、體重、身高、職業、團隊、經濟條件等限制，成爲當前最受歡迎的全民運動項目（註13）。路跑路程規劃比較有彈性，按照里程分組，有比照馬拉松賽跑全程馬拉松（42.195 公里），半程馬拉松（21 公里），以及半程馬拉松以下：10 公里、8 公里、5 公里、3 公里。

運動賽事牽涉到場館（場地）的規劃與租借，需要超前部署，若需要租借場館（場地），很早就要規劃定案，才能進行後續各項競賽的企劃；若需要規劃路跑路線，同樣也必須及早確定，向政府相關單位申請路權，以及交通、安全措施，才能順利舉辦路跑運動。例如：國際馬拉松競賽，兩年前就要完成規劃，全盤準備就緒，才開始接受來自全球各地的選手報名。

運動賽事的規劃，最終結果必須提出一份具體的參賽規則手冊，公告周知，好讓有意參與賽會的消費者參考及遵守。運動賽事的範圍廣泛，項目繁多，本章爲節省篇幅，聚焦於最受國人喜愛，而有「全民運動、健康運動」之稱的路跑運動，圍繞著前面所介紹的運動 8P 組合，加上服務與周邊產品，以及預留企業的贊助空間，如圖 5-3 所示，逐一討論企劃要領。

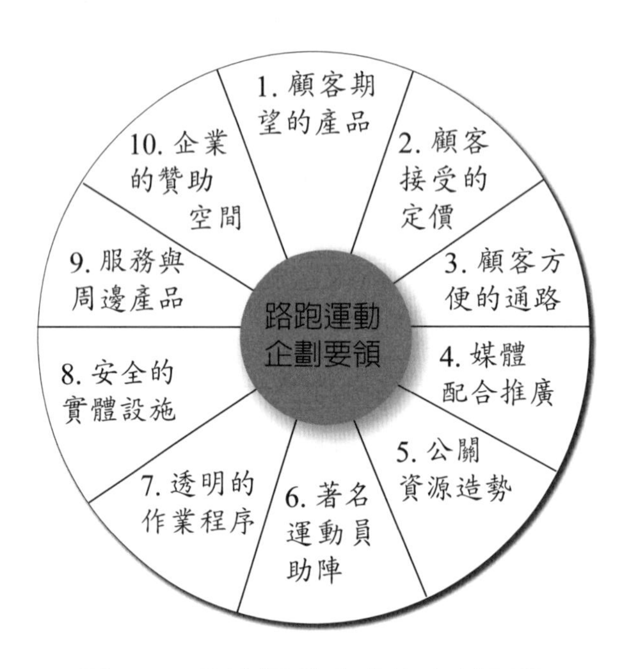

圖 5-3　路跑運動賽事的企劃要領

1.提供顧客所期望的產品

運動商品屬於一種無形商品，由上述許多元素所組成，和一般服務行銷沒有兩樣，必須親自到現場體驗（參與競賽或觀賞賽事）才能感受到它的存在。運動商品具有下列特性（註 14）。

(1) 無形性（非實體性）：消費者購買前看不到，也摸不著。

(2) 主觀體驗：品質良窳僅憑消費者購買後的主觀印象與判斷。

(3) 不可分離性：生產與消費同時存在，參與競賽和觀賞競賽同時發生。

(4) 易變性（不一致性）：每一場競賽的表現都不一樣，即使同一位運動員在不同時間的表現也不一樣。

(5) 易逝性：運動賽事具有易逝的特性，只能當場觀賞，無法保存。

(6) 不確定性：運動賽事有輸有贏，輸贏具有不確定性，賽前難以斷定。

(7) 商品製造缺乏主導性：運動員的體能與技能，非運動行銷主辦單位或人員所能主導或控制。

(8) 提供社交機會：運動賽事屬於一種群聚消費，也是一種社交活動。

從行銷的角度言，產品是廠商爲顧客設想的提供物，包括有形產品與無形的服務，也是顧客購買的標的。產品品質與功能迎合顧客的需求與期望，可以幫助顧客解決問題，顧客才有可能列入購買喚引集合中，做爲考慮購買的備選方案。路跑產品爲路跑運動的主軸，也是主辦單位要呈現給消費者的核心產品。路跑產品由許多元素所構成，包括主辦單位、路跑名稱、經過路線、里程規劃、參賽資格、報名方式、安全措施、獎勵資訊、競賽服務，也就是說這些元素都會影響消費者的購買（參加）意願。

主辦單位商譽佳、形象良好，路跑名稱響亮，規劃的路線沿途風景幽美，路程平穩舒適，里程數適中（長程、中程、短程），參賽資格寬鬆，報名手續簡單方便，參賽過程安全可靠，獎勵誘因大，服務態度及福利良好，通常都是消費者所期盼者。有些參賽者志在參加，有些參賽者志在得獎，心態與動機各不相同，規劃時審愼考慮這些因素，有助於吸引更多消費者踴躍參與，共襄盛舉。

路跑運動的「購買者」可以區分爲兩大類，一是參與者，二是觀賞者。參與者顧名思義是指實際報名參與路跑競賽的運動員，觀賞者是指前來助陣觀賞競賽過程的親朋好友或熱心人士。企劃人員在規劃路跑「產品」時，必須本著「呈現最優良產品」的初衷，從多方考量，把「最優良產品」呈現給顧客。

2. 訂定顧客所能接受的價格

路跑賽事的定價是指向參加活動者所收取的報名費，運動行銷是一種高度互動性的活動，必須站在顧客的立場思考，也就是要考量顧客的接受程度。路跑賽事定價可區分爲三種方式，(1) 一般路跑或公益性馬拉松旨在鼓勵全民參加，通常都採取親民定價政策，收取的報名費比較低，大約在 500 元以下。(2) 全國性馬拉松參賽者，來參加者不是路跑運動愛好者，就是馬拉松高手，可以接受比較高的報名費，一般都在 800 元～1,000 元之間。至於參加國際性馬拉松的選手，很多都是多年職業跑者，不僅是志在參加，累積經驗，爭取榮譽，更有志在獲獎者，報名費相對比較高昂，大約在 200 美元～300 美元之間；(3) 全球最頂級的馬拉松，除了跑步門檻更高（完賽成績 3.5 小時）之外，參賽費用也相對提高，報名費雖然很高，也樂此不疲，甘之如飴。

熱門的馬拉松賽事，參賽名額有一定限制，抽籤的中籤率很低，無法一一滿足熱衷參與者。有些主辦單位爲抒解這種僧多粥少的現象，常以慈善或公益活動爲出發點，接受捐款贊助，例如：環保議題、愛地球、爲愛而跑、關懷弱勢，將參賽者的捐款轉贈給慈善團體，提供給未中籤但有意參賽者另外一種選擇。

定價及提供相對服務內容必須說清楚，講明白，並在參賽規則中詳細規範，例如：有沒有提供參賽運動T恤、紀念品、完賽獎牌、完賽證書，以及計時器是否收回……。此外，參賽者報名參加後若因故無法如期參賽，是否可以退費，若可退費則退費程序與時效也都要有明確規範。

3.布建顧客容易接觸的通路

路跑賽事通路最主要功能，在於將路跑運動賽事的相關訊息，在正確時間與地點，傳送給顧客的一種方法。路跑賽事通路，包括實體通路與非實體通路，前者是指顧客可以實際接觸到的通路或地點，例如：主辦單位所在地、報名地點、繳費地點、路跑路線；後者是指主辦單位可以接觸到顧客的網際網路或電子通路，例如：讓顧客可以採用網路聯絡、報名及繳費，既方便，又省時。

美國北卡大學Robert Lauterborn教授所提倡的4C策略，主張站在消費者的立場思考，有關通路的布建旨在方便消費者購買。路跑賽事通路的布建必須做到大衆化，以方便參賽者參加爲依歸，尤其是標榜全民運動的一般路跑，參賽者的年齡層很長，男女老少，從小朋友到年長者，讓顧客方便參與，愈多人響應，愈多人參加，表示活動辦得愈成功。

4.邀請媒體配合推廣的活動

推廣是行銷組合中四大基本要素之一。路跑賽事相關訊息，需要藉助媒體的傳播力量，結合推廣組合要素，廣爲宣傳，將活動理念與構想推廣到社會各個階層，廣泛引起共鳴，進而踴躍參加，共襄盛舉。

推廣包括兩層意義，第一是單純告知路跑活動的相關訊息，邀請顧客熱誠參與，這是廣告的基本任務；第二是改變顧客對路跑的態度，有些人對路跑運動情有獨鍾，對路跑賽事持有正面態度，此時的推廣旨在做正面增強；有些人對路跑沒什麼興趣，甚至抱持懷疑態度，此時的推廣旨在讓他們認識路跑運動，瞭解路跑賽事的意義，將懷疑的態度轉變爲喜愛的行爲。

5.善用公關資源的造勢活動

行銷需要造勢才能擴大相乘效果，造勢需要善用公關力量，拉高層次，發揮影響效果。單一公司的資源極其有限，要達到造勢效果常常會顯得力道不足，此時需要善用公司的公關資源，借力使力，才有助於收到相乘效果。

「勢」是指強盛的力量，也帶有機會的意義。「乘勢」者，趁機取得競爭優勢也。《孫子兵法》兵勢篇指出，「勢」者兵勢也，即作戰態勢；戰略指導得當所造成的一種有利態勢、局勢。舉辦路跑賽事活動，不能像鮭魚默默的產卵數萬，卻無人知曉，必須善用造勢技法，效法母雞下蛋一個，驚動左鄰右舍的精神。

6.邀約著名運動員魅力助陣

路跑賽事活動最受矚目的「人」是具有高人氣，魅力四射的運動選手，他們是路跑運動賽事的靈魂人物。有些人參與路跑的動機，決定於有那些知名選手參與盛會，和名人一起跑，一起拍照，會有一股「與有榮焉」的滿足感。

主辦單位在企劃路跑賽事時，邀約著名運動選手助陣，不但可以爲大會增加光彩，提高知名度，同時也可以激發見賢思齊效果，吸引更多人來共襄盛舉。

7.制訂公開透明的作業程序

程序是指路跑賽事訊息傳達給消費者時，所包括的實際程序、方法，以及路跑活動的路線安排等作業系統。作業程序具有兩層意義，第一是讓主辦單位的工作人員充分瞭解該做什麼事，以及如何把該做的事做到盡善盡美的境界；第二是讓顧客知道路跑賽事的相關流程，知所遵循，以及做爲判定是否參加的依據。

事件行銷人員在規劃作業程序時，必須考量整個程序的有效性與合理性，本著化繁爲簡的精神，公開透明的態度，經濟有效的落實執行，平安順利的達成目標。

8.規劃完整安全的實體設施

路跑賽事的實體設施，包括所規劃整個路跑集合地點、出發地點、補給站、途經路線沿途環境與風景、停車場、開導車、接駁車、救護車，以及工作人員和參賽者互動的場所。這些設施除了必須要有完整的規劃，最重要的是要有安全的環境，讓參賽者在安全、安心的心情下，熱情參與賽事，享受路跑的樂趣。

安全的實體設施不僅可以吸引顧客的注意力，提高參與的意願，同時也會影響顧客的滿意度，以及對路跑賽事的評價。

9.思考良好服務與周邊產品

主辦單位所提供的服務項目，常常是影響路跑賽事成功的關鍵因素，完整的活動規劃需要有熱誠服務的工作人員來落實執行，才能竟全功。熱誠服務不是臨時抱佛腳可以獲得，更不是天上掉下來的禮物，而是需要經過嚴格訓練，養成視服務工作爲己任的習慣，持之以恆，務實執行，才能達成目的。

主辦單位所提供的紀念品與參賽用品，常常被視爲服務項目之一，許多人參加知名路跑賽事後，以獲得這些紀念品爲榮，甚至將之裱框起來，擺放在家裡最醒目的地方，當做一種殊榮，永誌難忘。事件行銷人員在企劃路跑活動賽事時，必須審愼選擇這些周邊產品。

10.虛心預留企業的贊助空間

許多企業爲響應慈善與公益活動，舉辦這一類路跑運動，一方面滿足廣大愛好路跑消費者的需求，一方面以實際行動響應慈善與公益活動，一舉兩得。

經營有成的企業，本著「取之社會，用之社會」的理念，積極尋求回饋社會的方式，有些企業自行規劃舉辦路跑運動，把舉辦路跑運動和公司活動結合在一起，建立及提高企業良好形象。有些公司選擇以冠名贊助方式，贊助路跑運動賽事，達到回饋社會的目的。主辦單位在企劃路跑賽事時，常常從善如流，留給企業贊助的空間，達到多贏的境界。

5.6 本章摘要

運動賽事項目繁多，每天都有運動競賽，顯示國人生活品質大幅提高，運動健身已經不再是奢侈的需求，而且是日常生活的一種習慣。運動賽事範圍雖然廣泛，但是把賽事當作重要事件處理的思維卻相當一致，每一場運動賽事都希望拉高層次，擴大舉辦，辦得有聲有色，給人留下難忘回憶。

運動賽事的分類與類型，眾說紛紜，莫衷一是，本章參考 2020 東京奧運會的分類方法，以及最受國人喜愛的運動項目，將運動賽事區分爲三大類別：競技運動、球類運動、水上運動。每一大類別內各有許多中分類，每一類中分類下還有許多小分類，小分類項目繁多，東京奧運會細分爲 339 類，本章受限於篇幅，未再做細分類。

運動行銷屬於服務行銷的範疇，引用行銷學上行銷組合策略，從多元角度探討運動賽事的行銷組合，據以企劃賽事規則。本書聚焦於最受國人青睞的路跑運動，分析路跑運動賽事企劃相關係細節，建議從十個要領或方向思考及研擬企劃方案，提出一份完整的賽事規則。

參考文獻

1. 徐揚總校閱，林文郎等人合著，2016，運動行銷學，華格那企業有限公司，頁7。
2. 同註1，頁17。
3. 張其昀先生文集，中國文化大學出版部，民國78年8月，第17冊，頁9-49。
4. 楊穎蓁、陳國嘉，路跑運動行銷關鍵性策略因素之研究，華人經濟研究，2017，第15卷，第1期，頁1-17。
5. 邱炳坤、王瓊霞譯，David K. Stotlar著，運動行銷，第二版，五南圖書出版股份有限公司，頁3。
6. Parks, Janet B., and Beverly R. K. Zanger, Sports & Fitness Management: Career Strategies and Professional Content, 1990, Human Kinetics.
7. Lauterborn, Robert, New Marketing Litany: 4P's Passe: C-Words Take Over, Advertising Age, October 1, 1990, p.26.
8. 林隆儀著，2015，促銷管理精論：行銷關鍵的最後一哩路，五南圖書出版股份有限公司，頁42。
9. 江長遠、張家昌，從行銷5P談運動行銷策略，彰化師大體育學報，2007，第7期，頁75-81。
10. 張明玲譯，Preston, Chris A.,著，2014，活動行銷，第二版，頁116-133。
11. 林婉綺，路跑運動觀光行銷策略之探討：以花蓮縣為例，國立東華大學公共行政學系碩士論文，2015年。
12. 中華民國路跑協會網站 http://sportsnet.org.tw，2020臉部平權運動－臺北國道馬拉松競賽規則。
13. 劉照金，2014，臺灣路跑運動觀光之發展與展望，運動管理，第23期，頁68-84。
14. 許建民，國立新竹教育大學，教學 Power Point，huschienming.github.io。

馬拉松賽跑　事件行銷新寵

人們生活水準提高後，基本的溫飽需求無憂無慮，會轉而追求健康需求，鍛鍊身體，健康強身，開始關心體育活動，參與各種運動賽事，不但成為日常生活很重要的活動，而且花在這些活動的時間愈來愈多，所占的比重愈來愈高。基本生活獲得滿足之後，升級為追求健康，培養對運動的興趣，這就是心理學家馬斯洛（Abraham Maslow）所提倡需求層級的原理。

體育活動、運動賽事，項目非常多元，活動非常頻繁，儘管每一個人的興趣各不相同，崇拜的運動明星各異其趣，但是關心與熱衷運動賽事的程度卻不分軒輊。例如：棒球明星王建民、陳偉殷；籃球選手林書豪；桌球國手莊智淵、盧彥勳；羽球球后戴資穎；高爾夫球明星曾雅妮；舉重好手郭婞淳；超級馬拉松偶像林義傑，都是大家非常熟悉、喜愛與崇拜的運動明星。

馬拉松賽跑是一項非常特別的運動，無須投資興建運動場館，個人所需運動裝備最少，運動年齡層級最寬廣，幾乎人人都可參與的一種全民運動。馬拉松需要長時間賽跑，旨在考驗參賽者的體能與耐力，近年來受到國人的高度喜愛，因此到處都在舉辦，有國際性馬拉松，有全國性馬拉松，有地方性馬拉松，有政府機關主辦者，也有民間組織舉辦者，參賽者非常踴躍，盛況非常壯觀。國際性賽事最有名者，例如：全球最熱門的紐約、波士頓、芝加哥、東京、柏林、倫敦等城市舉辦的馬拉松；我國政府相關單位舉辦的全國性活動，例如：臺北馬拉松、萬金石馬拉松、日月潭馬拉松；民間組織機構舉辦者，例如：舒跑杯馬拉松、渣打公益馬拉松、長榮航空城市觀光半程馬拉松。

現代馬拉松賽事標榜結合應用科技，方便、省事、公正，和以往大不相同，不但科學、有趣，而且是一種非常不一樣的體驗，受到廣大民眾的青睞。例如：採用人臉辨識系統，選手報到時進行檢錄後，才能進入起跑區準備起跑。採用晶片計時，選手通過起跑線開始計時，通過每一個感應站時，必須確認配帶晶片之腳踩踏過感應墊。提供號碼布除了做為識別之外，亦可瞭解賽跑過程中個人跑步的英姿。還有利用 APP 定位追蹤，可以瞭解參賽隊友或同伴的位置及比賽名次等。

馬拉松賽跑主辦單位需要及早規劃活動的細節，詳細記載在參賽規則中，規範整個活動的進行，並且透過媒體公告周知。因為是超大型事件行銷，涉及很多細節，包括活動內容、路線規劃、路權申請、報名方式與收費、獎勵方式及辦法、贊助廠商、沿途補給服務、衣物保管、安全維護、紀念品、違規罰則等。其中路線規劃還牽涉道路權申請，通常好幾個月前就要完成，政府相關單位才會配合支援交通管制及安全維護。

國際性熱門馬拉松競賽，甚至在一年多前就開始報名，來自全球各地的馬拉松好手摩拳擦掌，不只志在參加，還要抱得獎金歸。因為有名額限制，參賽者非常踴躍，報名不見得就能如願參與競賽，只有抽中籤者才能參加競賽。

每一場馬拉松賽事的參賽者都非常踴躍，自不在話下，有志在爭取名次、破紀錄及獲得獎金者，有單純講究運動強身者，心境與需求各異其趣。參賽者必須詳閱競賽規則，衡量個人健康與體能狀況，量力而為，平常心參與，為健康、快樂而跑。無論是全程（42公里）、半程（21公里），或其他里程的馬拉松，都需要保持足夠體力與耐力，無須爭先恐後，更重要的是遵守競賽規則通過每一感應站，只要在規定時間內完成賽事，即可獲得紀念獎牌。

運動賽事項目之多，有如過江之鯽，不勝枚舉，每一項運動競賽都是事件行銷的好題材。熱衷馬拉松賽跑的民眾愈來愈多，地域不分國內外，也沒有男女老少之分，不但蔚為全民運動的一股風氣，而且成為近年來事件行銷的新寵。預料這種有意義的事件行銷，將來還會繼續發揚光大。

（原發表於108年11月12日，經濟日報，B3經營管理版）

研討問題

1. 運動行銷爲近年來備受重視的一門新興學科，被歸類爲服務行銷的領域，請討論及比較運動行銷與服務行銷的異同。
2. 假設你是路跑運動賽事企劃人員，正在企劃一項全程馬拉松競賽，請參考本章所介紹的企劃方法，提出一份「馬拉松賽跑競賽規則」。
3. 馬拉松賽跑是當前最受國人喜愛的運動賽事，只要有健康的身體，只要有參加的意願，無須運動裝備，限制條件最少，請訪問一位曾經參加馬拉松賽跑的朋友，瞭解競賽過程的細節。

附錄：2020 臉部平權運動　臺北國道馬拉松競賽規程（註 12）

一、報名資格

1. 競速菁英馬拉松組年齡限制為 2003 年以前出生且曾參加過 2018～2020 年 7 月間任一全程馬拉松賽於 4 小時內完賽者，需於網路報名時，同時上傳成績證明供審核，線上馬拉松成績證明不列入審核，報名時敬請多加留意。
2. 飆速半程馬拉松組參賽年齡限制為 2003 年以前出生者。
3. 飛速 10 公里組參賽年齡限制為 2013 年以前出生者。
4. 疾速 3 公里組參賽年齡不限。
5. 每人限報名一個項目，未符合以上資格者，請勿報名參加。

二、報名辦法（報名日期：即日起至 2020 年 7 月 31 日 17：00 止）

1. 僅限網路報名，請上 http：//www.sportsnet.org.tw 線上報名專區填妥比賽報名表後進行繳費。請於報名額滿前完成報名，報名截止日前如遇名額已滿，報名截止日將以額滿日為準，恕不再接受報名。

2. 競速菁英馬拉松組於報名時，需同時上傳成績證明並先完成繳費，後續將審核成績證明，符合參賽標準者，方屬成功報名。如成績證明未達標準，將取消其報名且退回原繳交費用總額之 80%（如退款方式為匯款，每筆退款將再扣除 $30 匯款手續費）。

   · 線上刷卡：使用 MASTER、VISA、JCB，不限金額，不限持卡人，輸入信用卡卡號進行線上刷卡付費。請勿重複點選付費確認鈕。繳費結束後，頁面將提供完成繳費之資訊，如未能成功看到繳費頁面，請致電信用卡公司查詢信用卡授權狀況。（相關行政費用，由參賽者自行負擔）

   · 超商繳費（每筆訂單金額限於 2 萬元內，如超過 2 萬元，請分次報名，另需自付每筆繳費單 18 元手續費）。

     線上報名網站登錄，完成資料填寫後，選擇超商繳費（需自付 2 萬元以下，每筆 18 元手續費），並於隔日 14：00 前至超商列印繳費單繳交報名費，敬請把握繳費時間，完成繳費後，請妥善保留繳費單據。未依照規定時間內繳交報名費者，視同未報名成功，如有名額的情況下，請重新再上線報名。如人數額滿，將不開放報名。

3. 報名時，請依實際參賽人身分證字號（外籍人士則以護照號碼）之有效證件（身分證或護照）上個資為依據進行報名，請詳加評估自身實力，報名手續完成者，不得以任何理由要求更換人名、參賽項目，亦不得轉讓參賽資格，代跑或轉讓者，如有意外發生，應負連帶保險理賠及法律責任。無完成報名者，將不具參賽資格，嚴禁陪跑。如報名時所填寫之個資與身分證（外籍人士則以護照）上個資不符時，皆以身分證（外籍人士則以護照）上個資為準。

4. 繳費完成後，系統將自動發送報名成功 e-mail 給參賽選手，如未收到e-mail亦可至路跑協會網站「報名查詢」區確認報名成功資料。
5. 已完成報名繳費者，如因故要取消報名，請依下列退費方式辦理：

申請退費日期	退款比例	備　註
報名後～2020/8/10 17：30	原報名費80%	申請即受理
2020/8/10 17：30～2020/8/21 17：30	原報名費60%	申請即受理
2020/8/21 17：31～2020/9/3 17：30（報到前一日）	原報名費50%	僅限下列情況並檢附證明者得以申請： * 兵役或點閱、教育召集 * 傷病或妊娠 * 參賽者或配偶一親等內親屬喪葬
2020/9/3 17：31～2020/9/7 17：30	原報名費50%	僅限下列情況並檢附證明者得以申請： * 天然或人為災害 * 交通中斷 若因重大災害導致活動停辦，大會主動退回，選手不需要申請

- 上述退款方式若選擇匯款，每筆退款將再扣除$30匯款手續費。
- 退費流程：請先致電或email中華民國路跑協會提出退費需求，填寫申請表（如需檢附證明者請提供相關證明文件）後，大會將依相關退費規則審核後進行退款。如逾上述退費規範時間之後，大會將不再受理任何退費事宜。
- 如已領取物資，所有物資需在全新完整未使用下歸還，如已使用則不予退費，選擇宅配已寄出包裹之情況下，宅配費用不予退款並需自行負擔退回包裹之費用。
- 活動因不可歸責於主辦單位之事由致無法舉行，主辦單位有權決定是否取消、擇期比賽或改用其他替代活動場地、替代路線或延長／縮短路線，參賽選手不得有異議；若因此取消活動，報名費將以5折退還。（另將扣除匯費30元新臺幣）
- 如主辦單位非因不可抗力因素而宣布取消比賽或延期，報名費由主辦單位全額退回。如另訂比賽時間，再重新開放報名。

6. 視障選手報名：請於名額額滿前或報名截止日前提供報名表、報名費、陪跑人員資料及視障證明影本。有關視障跑者及陪跑員報名注意事項，說明如下：
   (1) 參與路跑活動視障跑者，賽道全程需有陪跑員陪同參賽方可報名並計算成績。馬拉松組每名視障跑者得有陪跑員最少1名至最多4名，半程馬拉松組每名視障跑者得有最少1名至最多2名，10公里組及3公里組每名視障跑者須有1名陪跑員。陪跑員只准許在10K/20K/30K進行替換，必須在報名表上註記於第幾公里交棒，違者成績不列入計算。
   (2) 陪跑員免報名費，亦不發給賽事紀念品，不計算成績，於選手領取參賽物資時，領取陪跑員號碼布乙張。若陪跑人員非事先提供之本人，亦不發給視障選手成績。

7. 本次活動因名額有限，請於報名額滿前完成報名，報名截止日前如遇名額已滿，報名截止日將以額滿日為準，恕不再接受報名。請填寫完報名資料後，依規定期限前完成繳費，以免因未繳費錯失參賽機會。

三、參賽物品領取方式（報名成功後，賽前領取號碼布、晶片及紀念品）

（一）親自領取：

時間：2020年9月4日～5日（星期五～星期六）上午10時起至下午5時止，逾時不候。

地點：臺北市萬華運動中心（臺北市萬華區西寧南路6-1號）

1. 報名回執單電子檔將統一於活動前一星期寄發e-mail，請持本會e-mail寄發的賽前報名回執單以領取參賽物品。
2. 領取時，領取者需出示領取者之證件並簽收回執單副本。本人無法親自領取者，可委託他人代理，受託者亦需出示證件以備查驗，如有被冒領，本會一概不負責。
3. 於參賽物品領取日前尚未收到電子回執單者，請至中華民國路跑協會網站，「報名查詢」區下載回執單以利領取時使用，或憑參賽者身分證明文件，於領取期限內，逕自領取地點查詢並辦理領取作業。

（二）宅配領取（如無法在上述親自領取時間領取，請選擇宅配領取）請在報名同時勾選，繳交宅配領取費用，以方便作業，限臺灣境內

1. 凡宅配領取者，本會將由物流公司於活動日前兩週，將參賽袋（號

碼布、晶片及紀念品）開始陸續配送到聯絡地址。請務必填寫正確的郵寄地址，如報名後需修改配送地址，請務必與本會聯繫，以免包裹無法寄達。

2. 請於配送期間注意包裹配送情況，如於9月2日仍未收到包裹，於9/3上班期間，主動來電02-25855659查詢；如包裹送達而無人接收導致無法參賽者，本會將不再另行補寄，報名禮請於賽後一星期內9/7～9/11上班時間（08：30～12：00；13：30～17：30）至本會領取，逾期視同放棄，完賽禮恕不接受補領。

3. 宅配領取費依每筆訂單收取，請於報名同時繳交，不同訂單不可合併計算。

每筆訂單人數	1人	2人	3～5人	6～20人	21～50人	51～100人	101～200人	201～300人
宅配領取費	$100	$150	$300	$600	$800	$1,500	$2,000	$2,500

超過300人以上，每增加100人費用增加600元（未滿100人仍以100人計算）。以此類推。

4. 收到宅配包裹代表已完成領取參賽物品手續，請於活動當天9月6日逕自前往活動會場集合即可。

（三）比賽當天付費領取參賽物品（非必要請勿使用）

1. 有鑑於選手因臨時有事無法在時間內領取參賽物品而喪失比賽資格，本會將開放活動當天付費領取參賽物品。

2. 活動當天將於「晶片退費區」設立參賽物品領取處，惟領取者將必須比照宅配領取費用付費後，始得領取。

3. 請持本會報名回執單於活動當天早上04：00至05：00以前完成，

超過 05：00 將不再接受，以避免影響比賽的進行。

※未完成領取參賽物品者，將自動喪失比賽資格，不得進入比賽路線，裁判有權終止無號碼布選手進行比賽。

※因故無法領取亦無參加比賽者，請於賽後一個星期內 9/7～9/11 上班時間至路跑協會補領報名禮，逾時將視為放棄領取，完賽禮恕不接受補領。

※賽事道路僅開放報名參賽者路跑，敬請非報名者勿前往，以免影響付費跑者的權益。

四、大會接駁公車

去程：福星國小（臺北市萬華區中華路一段 66 號）→迪化污水處理廠側門

回程：迪化污水處理廠側門→福星國小

時間：2020 年 9 月 6 日

	發車時間	備　註
去程	04：00～05：50	選手憑號碼布優先上車
回程	08：30～10：30	坐滿才發車

備註：1. 活動會場周邊停車不易，敬請多加利用大會接駁公車。

2. 福星國小鄰近洛陽停車場（臺北市萬華區環河南路一段 1 號／昆明街與洛陽街口），請多加利用。

五、獎勵方式及辦法

（一）按男、女總名次成績給獎，凡得獎金超過新臺幣 20,000 元以上者，國內選手須依稅法負擔 10%之所得稅：；外籍人士無

論金額多寡，須依稅法負擔20%之所得稅。（請於領獎時，附身分證影印本）(各組總名次錄取者，不再列入分組名次計算)

（新臺幣）

	競速菁英馬拉松（42.195公里）		飆速半程馬拉松（21.0975公里）		飛速10公里組	
	男子組	女子組	男子組	女子組	男子組	女子組
第一名	50,000元	50,000元	6,000元	6,000元	3,000元	3,000元
第二名	25,000元	25,000元	4,000元	4,000元	2,000元	2,000元
第三名	12,000元	12,000元	2,000元	2,000元	1,000元	1,000元
第四名	8,000元	8,000元				
第五名	5,000元	5,000元				

（二）競速菁英馬拉松組、飆速半程馬拉松組及飛速10公里組各組錄取名次如下：

競速菁英馬拉松組、飆速半程馬拉松組及飛速10公里組，各分13組及視障組（分組方式將依身分證之性別及出生年為最終依據）。

男60歲+	男50-59歲	男40-49歲	男30-39歲	男20-29歲	男19歲-	視障男子組
女60歲+	女50-59歲	女40-49歲	女30-39歲	女20-29歲	女19歲-	視障女子組

1. 競速菁英馬拉松組、飆速半程馬拉松組及飛速10公里組各組錄取名次如下：

每組按報名人數1-100人錄取2名，101-200人錄取3名，201-300人錄取4名，301名以上錄取5名，頒發獎牌及獎品各1份。

2. 視障組錄取前 3 名（分男、女），頒發獎牌及獎品一份。

（三）各組得獎者限比賽當日活動結束 10：30 前領取，逾時視同棄權。

（四）於規定時間內完成選手成績，將於賽後三日內主動寄發成績證明電子檔給予限時內完賽選手，請參加者務必確實填寫 e-mail 帳號，參賽選手亦可於中華民國路跑協會網站 http：//www.sportsnet.org.tw 下載。大會將不另寄紙本成績證明。選手可利用成績查詢列印功能，更快速找到成績紀錄，選手亦可將成績證明下載儲存，方便日後使用。不在限時內完賽或缺任　晶片感應時間之選手，恕不提供成績證明。

（五）為鼓勵於規定時間內完成競速菁英馬拉松、飆速半程馬拉松之選手，將憑號碼布於終點入口道發給紀念獎牌及紀念毛巾。非於規定時間內完成比賽之選手，請勿領取。飛速 10 公里選手於食物兌換區領取紀念獎牌。

（六）完賽後，各組選手憑號碼布領取餐盒乙份，限活動當日中午 10：30 前領取，逾時視同放棄。

（七）現場摸彩多項好禮。摸彩券可於物資領取期間投入摸彩箱或於活動當日早上 07：00 前投入摸彩箱，限現場上午 10：30 前由本人領取，逾時視同放棄，獎品金額在 NT$1,000 元（含）以上之得獎者，領取獎品時，請出示身分證或駕照等證件，否則視同棄權。現場摸彩獎品將依中華民國稅法規定扣抵所得稅。

六、晶片

（一）「2020 臺北國道馬拉松賽」將提供競速菁英馬拉松組、飆速半程馬拉松組及飛速10公里組選手晶片計時服務，選手在報名時已預繳新臺幣100元作為晶片保證金。每一位報名參加並完成報到手續之競賽參賽者，將派發一枚計時晶片，選手於參賽物品領取期間，應領取號碼布、報名好禮及晶片，此晶片保證金將於比賽會場選手歸還晶片時發還，賽事當天未能歸還晶片者，請於賽後一個月期內，至中華民國路跑協會退回，逾期未繳回晶片者，保證金恕不退還。晶片使用之操作方式請選手於賽前詳閱秩序冊晶片使用說明，或是依現場服務人員的協助操作。競賽公布成績一律以大會公佈成績為準。

（二）依據國際田徑規則165.24條規定，選手起跑時間為鳴槍時間。大會將依據鳴槍開跑時間開始計算時間記錄，並依據此時間記錄做為選手成績統計之判定。

（三）請選手衡量自身實力，切勿爭先恐後，發揮運動家精神，禮讓實力較佳選手優先出發。

（四）請依出發時間出發，超過起跑時間10分鐘後出發者，大會有權限制其出發及不予計算成績。

七、犯規罰則

（一）反下列規定者，取消比賽成績。

1. 非法接受他人供給飲料或食物。
2. 無本次活動號碼布及比賽專用計時晶片。不依規定將晶片繫於鞋子上。
3. 晶片計時無記錄起跑時間，終點時間及任一檢測站時間之選手。
4. 不遵從裁判引導者。
5. 未將號碼布別在胸前。

6. 嚴禁於比賽行進路線中騎乘腳踏車、推行娃娃車、滑行直排輪、滑板及滑板車。

7. 禁止攜帶寵物（貓狗）進入賽道。

8. 本次活動使用晶片計時，請依規定將晶片以鞋帶繫於鞋尖前，嚴禁使用金屬性物品繫綁，無任一檢查站時間之選手，將被取消資格，不予計時，不發給成績證明。

（二）違反下列規定者，取消比賽成績並禁止參加本會舉辦之活動一年

1. 比賽進行中，選手借助他人之幫助而獲利者（如乘車、扶持……等）。

2. 報名組別與身分證明資格不符者。

3. 違反運動精神和道德者（如打架、辱罵裁判及大會工作人員……）。

4..嚴禁未報名者取代報名者參加比賽；亦禁止佩帶2個或以2個以上晶片，違反規定者，一經查明屬實，由裁判宣布取消比賽資格，不予計時，另禁賽1年及網路上公布代路者與被代跑者姓名。

八、申訴

（一）比賽爭議：競賽中，各選手不得當場質詢裁判，若與田徑規則有同等意義之註明者，均以裁判為準，不得提出申訴。

（二）申訴程序：有關競賽所發生的問題，須於各組成績公布10分鐘內，向大會提出，同時繳保證金新臺幣3,000元整，由競賽組簽收收執聯；所有申訴以審判委員會之判決為終決，若判決認為無理，得沒收其保證金，作為大會賽事基金。

九、注意事項（請詳閱本注意事項）

（一）衣物保管：各組寄、領物時間一覽表

項目	寄物時間	領取時間
競速菁英馬拉松組 42.195KM	04：30～05：30	07：00～10：00
飆速半程馬拉松組 21.0975KM		
飛速 10 公里組 10KM	05：30～06：30	07：30～10：00
疾速 3 公里組 3KM	05：50～06：50	07：30～10：00

1. 選手若需衣物保管，須使用大會專屬衣物保管袋（同規格不同色亦可）才接受衣物保管。本次活動競賽組選手號碼布將另印製有衣保專用卡，請事先將衣保專用卡沿虛線撕下放置於衣保袋前口袋，工作人員於號碼布蓋收件章後，方接受衣物保管，領回所寄放之衣物也必須出示號碼布，經工作人員蓋領回章後，才可領回所託管衣物保管袋。（貴重物品、易碎品或電子產品等請自行保管，若有遺失、受損，大會概不負責）。
2. 活動現場衣保區（數量有限）均有販售衣物保管袋，可於中華民國路跑協會競賽活動重複使用，一般款 $100 元 / 防潑款 $200 元（貴重物品請自行保管，若有遺失，本會恕不負責）。
3. 寄物之選手敬請盡早完成寄物，以免延誤出發時間。衣物保管袋遺失最高賠償金額新臺幣 1,000 元整。

（二）安全第一，大會裁判或醫師有權視選手體能狀況，中止選手繼續比賽資格，選手不得有異議。

（三）隨身攜帶身分證明備查。

（四）代跑者及被代跑者一經查明屬實，由裁判長宣布成績無效外，另禁賽 1 年及網路上公布代跑者與被代跑者姓名。

（五）本次賽會一律使用晶片，請詳閱晶片使用說明，如因個人操作不當造成無成績者，本會一概不負責。

（六）參賽物品領取完成後，請妥善保管號碼布及晶片，遺失恕不再補發。無號碼布者，將喪失參賽資格。

（七）本人或本團體亦同意主辦或被主辦單位授權之單位得使用本賽事的錄影、相片、姓名、號碼布號碼及成績於本會及相關網站上於世界各地播放或展出與販售；本人或本團體亦同意主辦或被主辦單位授權之單位得蒐集、處理及利用本人／本團體所提供之個人資料，及寄送相關路跑／商品優惠活動訊息或使用本人或本團體肖像及成績於宣傳活動上。

（八）跑者及活動參與人員不得攜帶毒品、刀（槍）械、爆裂物等違禁物品進入活動會場。

十、本規程如有未盡之事宜，得由大會修正公布之。

第 6 章

公共政策與事件行銷

6.1　前　言

6.2　公共政策的意義與分類

6.3　公共政策行銷

6.4　防疫大作戰事件行銷

6.5　防疫作戰超前部署策略

6.6　防疫新生活

6.7　公共政策事件行銷教戰守則

6.8　本章摘要

參考文獻

個案研究：1.政策宣導事件行銷要領

　　　　　2.善用3S　提高效率

研討問題

6.1 前　言

政府是服務產業的最大提供者，也是最大的事件行銷主辦者，人民則是政府最大、最忠誠的顧客，舉凡人民所關心與在意的事，都是政府責無旁貸的責任。政府制訂公共政策，就是要營造最好的生活環境，讓人民過最好的生活，爲人民謀最大的福利。世界各國政府都抱持這種相同理念，所以說「人民的小事，就是政府的大事」。

公共政策旨在滿足人民知的權利，讓人民知道政府在做些什麼事，對社會有何意義，對人民的福祉有何貢獻，吸引人民共同支持與遵循。政府施政重點在於公開透明，讓人民充分瞭解，才不致產生誤會與曲解。政府施政要讓人民充分瞭解，就離不開採用政策行銷相關技術，於是公共政策行銷乃應運而生。公共政策行銷雖然也引用商業行銷原理，但是因爲公共政策行銷的議題非常廣泛，內容相當複雜，特性各異其趣，以致行銷原理應用上另成一格，成爲公共政策制訂單位及相關人員，不可或缺的一門必修課。

今年（2020）規模最大的公共政策事件行銷，非新冠肺炎疫情莫屬，由於疫情迅速蔓延全球，範圍之廣，令人稱奇，速度之快，令人咋舌，令各國政府措手不及，紛紛展開防疫大作戰。有些國家警覺性比較高，防疫作戰策略精準，迅速控制疫情；有些國家動作比較遲緩，防疫觀念比較保守，飽受嚴重疫情的衝擊，確診案例暴增，災情慘重，經濟受到重創，人民生活大受影響。

本章討論公共政策的意義與重要性，探討政策行銷相關議題，以及新冠肺炎疫情肆虐期間的防疫大作戰事件行銷，比較各國防疫政策與成效，論述我國政府慧眼獨具，率先推出超前部署政策，成爲全球防疫作戰最佳典範的經過，討論後疫情時代的新生活，以及政策行銷教戰守則。

6.2 公共政策的意義與分類

6.2.1 公共政策的意義與重要性

公共政策（Public Policy）屬於公共行政領域的一個支流，顧名思義是指政府關心全民的福祉，所制訂的各種政策。

廣義的公共政策是指政府「有所爲，有所不爲」的基本信念，這和企業經營者從大處著眼，決定「要做什麼」與「不做什麼」的決策，並沒有什麼不同。至於狹義的公共政策則聚焦於政府的公共事務，通常是指政府機關擬定各項公共事務計畫，促進及實現社會目標的政治決策（註 1）。

公共政策旨在制訂「公共事務」的政策方向，和企業所研擬的「事業政策」大異其趣。企業所制訂的政策或策略，以追求企業和利益關係人的利益爲主，而公共事務所討論的是攸關全民的事務與福祉，牽涉的範圍非常廣泛，影響所及的對象涵蓋每一位國民，因此政府在制訂政策時，必須要有爲國家擘畫發展願景的遠見，超前部署，爲全體人民謀最大福利的胸襟，完整規劃。質言之，公共政策良窳，方向正確與否，不但關係人民的福祉，更會影響國家的長遠發展。

6.2.2 公共政策的分類

公共政策的範圍非常廣泛，舉凡攸關人民的大小事，都是政府的大事，當然也都是公共政策所關心的議題。學者研究公共政策，從不同觀點切入，從不同立場出發，將公共政策區分爲許多不同分類。爲節省篇幅，本章參考及引用國外及國內各一位知名學者的觀點，說明公共政策的分類及其內涵。

美國芝加哥大學教授 Theodore J. Lowe（1972），同時也在美國政府部門講授公共政策的政治科學家，從管制政策與分配政策的觀點，將公共政策區分爲下列四大類（註2）。

1. **管制政策**（Regulatory Policy）：政府制訂各種規範，指導政府機關或標的團體的行爲。例如：維護治安政策、環境保護政策、交通安全政策、外交政策、教育政策、衛生福利政策。

2. **自我管制政策**（Constituent Policy）：政府制訂原則性的規範，委由政府機關或標的團體，自行採取後續行動。例如：地方自治管理、大學自理管理、校園自主管理、個人衛生自主管理。

3. **分配政策**（Distributive Policy）：政府主導將資源或利益分配給不同機關、標的團體、地區等工作。例如：財政預算分配、防疫紓困預算分配、防疫補助款分配、救災補助款分配。

4. **重分配政策**（Redistributive Policy）：政府將某一標的團體的資源或義務，移轉給另一標的團體享受或承擔政策責任。例如：地方財稅政策、地方自治施行政策、地方稅收及分配政策、地方政府防疫政策。

臺北大學公共行政既政策學系教授丘昌泰（2019），從研究觀點切入，將公共政策的範圍區分爲兩大部分：政策研究與政策分析。政策研究是指爲了「政策本身」而進行的各種研究，包括政策內容的研究、政策過程的研究、政策產出的研究。政策分析是指爲了實踐「政策目標」而進行的研究，包括政策倡導、過程倡導、政策制訂資訊（註3）。

1. **政策內容**：描述特定政策發生的背景與發展。

2. **政策過程**：描述政策問題形成的階段性活動，以及影響政策形成的因素。

3. **政策產出**：探討不同地區或國家，公共經費或公共服務水準政策的產出。

4. **政策倡導**：研究者提出特定政策，向政策制訂者推銷其主張的政策活動。

5. **過程倡導**：試圖改進政策制訂系統的性質。

6. **政策制訂資訊**：制訂政策時所需要的相關資訊。

6.3 公共政策行銷

6.3.1 政策行銷意義與目的

公共政策行銷建立在商業行銷及社會行銷的基礎上，前者主張應用商業行銷原理，向人民推銷政府所制訂的公共政策，並且要求人民共同支持與遵守；後者站在為社會創造最大福祉的立場，兼顧社會各層面的需求與發展，運用類似商業上的行銷手段達到社會公益的目的，建立富強康樂的社會。

政府制訂公共政策之後，必須透過各種政策行銷手法，傳播政策的內涵與用意，以及相關細節，一方面廣泛告知人民，滿足人民知的權利；一方面呼籲人民支持與配合落實執行，達到制訂政策與政府施政的目的。從現代行銷觀點看政策行銷，要在當今資訊爆炸，競爭激烈的環境下行銷公共政策，光靠一般商業行銷手法常會出現力有未逮現象，於是應用事件行銷手法，拉高層級，妥善包裝，操弄議題，全面出擊，才能達到政策行銷的目的。

政策行銷是指應用行銷技巧，促進公共政策與社會需求之互動，以辨識、預測及滿足社會／公共需求，並以最少的權威手段，最多大眾受益的手段推展及執行政策。魯炳炎（2007）從廣義的觀點切入，認為政策行銷（Policy Marketing）是政府部門的相關機關與人員，透過政策行銷策略性工具之組合，與公民顧客之間完成價值交換關係，以實現政治目標，並且因勢利導，促成特定社會行爲的政策過程（註4）。吳定（2017）從實務觀點看政策行銷，認爲政策行銷是指政府處理公共事務時，透過各種方法，將政府決定不作爲、作爲及如何作爲的資訊，傳達給相關人員，以爭取支持的過程（註5）。質言之，政策行銷是政府機關及相關人員採取有效的行銷策略與方法，把所制訂的公共政策推銷給人民，產生共識與共鳴的過程。

政策行銷通常都屬於巨大的工程，要順利且成功地執行政策行銷，必須嚴守下列要領（註6）：

1. 擬定周詳的行銷計畫與策略。

2. 機關首長全力支持並親身參與行銷活動。

3. 機關組織全體人員形成有力的行銷團隊。

4. 擁有優秀稱職的行銷人員

5. 採取各種具體有效的行銷方法。

6. 盡量採取「合夥行銷」作法。

7. 活動或產品本身必須卓越引人。

8. 對民意代表、傳播媒體及學者專家做好公共關係，協助推展行銷活動。

9. 在政治、經濟、社會及文化層面，必須能充分配合。

政策行銷和商業行銷所行銷的標的雖然大不相同，但是應用行銷本質的立場則相當一致，原理具有相通與契合之處。質言之，政策行銷具有加強公共政策競爭力、建立良好公共形象、創造及滿足人民需求等多項功能，最終目的在於提高政策執行成功的機率，提高國家競爭力，達成爲人民謀福利的目標。

6.3.2 政策行銷組合

政策行銷採用商業行銷組合概念，基本上引用傳統 4P 來行銷公共政策，再加上幾項要素組合而成，只不過其涵義略有不同罷了。

1. **產品**（Product）：政府是最大的服務供應者，因此所提供的產品以服務爲主，而政策（Policy）本身就是政府所提供的主產品。政府所提供的服務範圍，比企業（服務業）所提供的服務更廣泛，但是服務的特性並沒有差異，只是政府提供的服務更具挑戰性。

2. **定價**（Price）：政府所提供服務的收費方式，和企業的定價模式有很大的差異。政府屬於非營利機構，基本上是政府編列預算支應之，所以有些服務不收費用，有些收取規費，在定價方面的考量各不相同。

3. **地點**（Place）：企業建構行銷通路，講究讓顧客方便惠顧，政府所服務的是全體國民，無論是人數或分布的地理範圍，都比企業的顧客分布更廣泛，基於「讓顧客方便，就是給自己方便」的信念，更應該重視服務地點的方便性。

4. **推廣**（Promotion）：政策制訂後必須廣爲推廣，大肆宣傳，公告周知，政府和企業都一樣。一般人民對公共政策比較乏味，沒有興趣，尤其是和自己暫時沒有切身關係的議題，以致政府相關部門在推廣公共政策時倍感吃力，一而再、再而三的宣導，效果仍然有限，此時應用事件行銷手法普遍受到重視。

5. **夥伴**（Partnership）：商場上常聽說「有關係就沒有關係」，企業行銷重視建立及維護顧客關係，成效斐然，有目共睹，這是政府部門所要學習的新功課。近年來政策行銷也開始採用夥伴關係策略，和廣大民眾建立夥伴關係，因爲有「關係」發揮潤滑作用，使政策推行更順暢，效果更彰顯。

6.3.3　人民是政府的忠誠顧客

政府是最大的服務供應者，人民則是政府的忠誠顧客，全體國民都是政府的顧客，人數和全國國民人數一樣多，而且無須刻意去爭取，每位國民都是政府的顧客。無論顧客對政府施政的滿意度如何，都不會有顧客流失的問題，即使有一部分國民移民到國外定居，儘管他們的身分由國民變成僑民，還是政府的忠誠顧客。企業的顧客僅止於已經爭取到的顧客，都是企業用心努力爭取而來，人數相對少，而且常會因爲服務品質不符所需，會有顧客流失的問題。

政府關懷顧客本著「天無私覆，地無私載」的崇高理念，一視同仁，公平對待；企業常根據惠顧頻率與交易數量，將顧客區分爲不同等級的顧客，給予不同程度的關懷，例如：金牌、銀牌、銅牌、鐵牌、鉛牌顧客……。顧客表達滿意度的方式各不相同，人民用選票表達對政府施政的滿意度，即使不滿意也繼續留下，不會出走；企業顧客用惠顧頻率或購買數量，表達對對企業的滿意度，稍有不滿意就會轉而惠顧競爭廠商。

在維護關係方面，政府取採取一般維護法，甚至無需刻意維護，並且採取通案方式協助解決顧客的問題；企業特別重視關係行銷，應用各種方法維護良好的顧客關係，活用個案或特案方式，協助解決顧客的問題。在聽取顧客心聲方面，政府常以舉辦公聽會或間接溝通方式；企業擅長採用面對面或直接溝通方式，用心傾聽顧客意見。至於規範顧客行爲，政府應用具有公權力的法令與命令，依法行政，要求全人民遵守；企業沒有公權力，只有採用互惠、互動的交易方式，達到柔性規範的目的。

政府的顧客和企業的顧客有著明顯的差別，兩者的比較如表 6-1 所示。

表 6-1　政府的顧客和企業的顧客之比較

比較項目	政府的顧客	企業的顧客
1. 對象	全體國民	已爭取到的顧客
2. 人數	很多／全體國民	相對少／已爭取到的顧客

比較項目	政府的顧客	企業的顧客
3. 來源	無須刻意爭取	需要用心爭取
4. 需要關懷程度	無須分類，一視同仁	分類不同，關懷程度不同
5. 滿意度表達	用選票表達	惠顧頻率或購買數量
6. 不滿意的行為	繼續留下，不會流失	轉而惠顧競爭廠商
7. 關係維護	一般維護方法	維護方法各不相同
8. 協助解決問題	通案式協助	個案式協助
9. 聽取意見方式	公聽會／間接式	面對面／直接式
10. 規範行為	法令、命令	交易、互動

6.4 防疫大作戰事件行銷

6.4.1 新冠肺炎疫情概述

去年（2019）底，中國武漢發現會引發呼吸系統傳染病的病毒，俗稱「2019 新型冠狀肺炎病毒」（COVID-19），病毒夾帶很多詭異的症狀，讓專家難以捉摸。這種特殊病毒似乎存在有變異現象，正當醫事人員尚在瞭解階段，病毒已經悄悄的迅速蔓延開來，就好像一陣颱風，從亞洲吹向歐洲，從歐洲擴散到美洲，再從美洲蔓延到非洲。確診病例之衆，駭人聽聞，死亡人數之多，令人毛骨悚然，即使醫療技術先進及醫藥發達的國家，如日本、韓國、俄羅斯、義大利、西班牙、比利時、法國、德國、英國、美國、巴西，也都無一倖免。

疫情爆發初期，有些國家確診病例不一，多者每天以數千人計，少者每天也有數百人，令各國政府措手不及，忐忑不安，紛紛展開防疫大作戰。隨著疫情蔓延愈演愈烈，確診病例及死亡人數日增，疫情嚴重的國家開始實施封城，甚至採取鎖國政策，限制外國人士進來，勸導國人不要到疫情嚴重的國家去旅遊，防堵疫情持續蔓延擴大。入境進到國內的人士一律接受採檢，然後集中在檢疫所進行隔離，或居家隔離或居家自主管理。直到進入封城與鎖國階段後，人民開始心生恐慌，搶購防疫物資，此起彼落，囤積民生物資，時有所聞。

眼看著疫情日益嚴重，各國政府開始展開撤僑計畫，迅速派出專機接回旅外僑民。旅外僑民、商人、學生、旅遊人士，聞疫色變，爭先恐後，人人都趕著要回到自己的國家，頓時航班設限，機票一票難求，票價再怎麼貴，輾轉跋涉也要回國。

政府與人民都相信，再頑強的病毒，終有被消滅的時候，再嚴峻的疫情，總有被控制的一天。歷經幾個月的抗疫與防疫作戰，疫情逐漸獲得控制，開始露出一些曙光，人民群聚生活開始逐步解封，大多數國家的確診病例逐漸趨緩，尤其是亞洲國家，康復人數逐漸增多，死亡人數隨著逐漸減少，於是政府開始啓動振興經濟機制與政策，使人民逐漸恢復正常生活。

6.4.2 全球疫情統計資料

根據英國 BBC 新聞網的報導，到今年（2020）8 月 18 日止，全球有 188 個國家出現確診病例，確診案例總數超過 21,846,945 萬人次，死亡人數 774,052 人。

BCC 引述美國約翰斯霍普金斯大學（美國巴爾蒂莫）的研究資料，全球確診病例及死亡人數，本節摘錄部分統計資料，如表 6-2 所示（註 7）。

由於各國文化各不相同，觀念各異其趣，新冠肺炎疫情肆虐期間，人們是否配戴口罩有不同的見解。東方國家人民認爲配戴口罩有助於防止病毒入侵，在政府「勤洗手、戴口罩、量體溫」的宣導下，掀起全民配戴口罩運動，甚至出現搶購口罩熱潮，一時之間，口罩成

表 6-2　新冠肺炎疫情統計資料

全球／國家	死亡人數	確診病例
全球	774,052	21,846,945
美國	170,148	5,410,228
巴西	108,536	3,359,570
墨西哥	57,023	525,733
印度	51,797	2,702,681
英國	41,369	319,197
義大利	35,400	254,235
法國	30,410	218,536
西班牙	28,646	359,082
秘魯	26,281	535,946
伊朗	19,804	345,450
俄羅斯聯邦	15,707	925,558
哥倫比亞	15,372	476,660
南非	11,982	589,886
智利	10,513	387,502
比利時	9,944	78,534
德國	9,240	226,712
加拿大	9,075	124,218
印度尼西亞	6,207	141,370
巴控喀什米爾	6,190	289,832

資料來源：BBC News 中文，全球最新情況數據一覽表。

註：新冠肺炎疫情持續蔓延，確診病例及死亡人數，每天都在變化，本表引用英國 BBC News 中文的統計數字，截至 2020 年 8 月 18 日下午 3：28 的統計數字。

爲重要防疫物資，對降低確診案例貢獻卓著。

西方國家人民認爲病人才需要配戴口罩，於是堅持拒絕配戴口罩，甚至歧視配戴口罩者，當地也因此買不到口罩。許多國家的高階政要都出現確診案例，令人爲他們捏了一把冷汗。綜觀 BBC 的疫情統計資料，確診病例及死亡人數最多的都落在西方國家。疫情到了中期以後，西方國家終於認識到口罩的功用與貢獻，於是開始進口口罩，人民開始搶購及配戴口罩。

新冠肺炎病毒來源一直是一個謎，美國說是發源於中國，中國說是來自美國，眞相如何，莫衷一是，至今仍然是一個無解的議題，暫且無論病毒來源如何，疫情迅速蔓延到全球卻是不爭的事實。中國於去年（2019）12 月爆發新冠肺炎疫情，快速蔓延到中國各省及世界各國。

我國於今年（2020）1 月 21 日首次出現臺商感染案例，開始展開全民防疫大作戰，由於我國政府有過防堵 SARS 疫情的經驗，以及政策因應得法，全民配合得宜，防疫成效斐然。根據衛生福利部疾病管制署 8 月 18 日公布的資料，到今年 8 月 18 日止，新冠肺炎累計確診案例486例，其中境外移入394例，本土案例55例，敦睦艦隊36例，及 1 例待釐清，解除隔離 450 例，死亡人數 7 人，被譽爲全球防疫模範生，世界各國紛紛前來取經。

根據我國衛生福利部疾病管制署公布的資料顯示，東方國家的疫情控制得比較理想，逐漸開啓解封大門，但是 6 月中旬，原本獲得控制的疫情，出現新增病例，例如：日本、韓國、北京，都有新增案例；北京甚至出現第二波疫情，6 月 16 日恢復二級開設，實施社區封閉管理，引起各國高度重視，大家都在謹防出現第二波疫情。

6.4.3 企業關心供應斷鏈

新冠肺炎疫情突如其來的肆虐，迅速蔓延到全球，蔓延速度之快，殃及地域之廣，波及產業之大，影響層面之深，出乎企業經營者的想像，也給人們見識到「病毒行銷」的威力。

首當其衝的是產業價值鏈與供應鏈受到重創，許多產業都被迫亂了套，面臨產業斷鏈的窘境。「斷鏈危機」成為產業經濟最令人憂心的話題，各行各業紛紛重新檢討價值鏈活動與供應鏈的部署，期望儘速化解危機。

產業斷鏈現象可以從兩方面觀察。從價值鏈角度言，價值鏈（Value Chain）猶如一條完整鏈條，由許多環節緊密結合而成，每一個環節（活動）各有其特定貢獻，目的都是要增加附加價值。價值鏈可以區分為企業價值鏈（小鏈）和產業價值鏈（大鏈），前者以單一企業為中心所建構的價值鏈，屬於狹義價值鏈；後者以某一產業為核心所形成的價值鏈，屬於廣義價值鏈。無論是小鏈或大鏈，這條鏈上任何一個環節一旦斷裂，就會出現企業斷鏈危機。

從供應鏈角度言，供應鏈（Supply Chain）可區分為上游供應鏈和下游供給鏈，前者是公司向上游廠商購進原物料、材料、零組件的進料流程，後者是公司將產品銷售給消費者的出貨、行銷、銷售與服務流程。進料、加工、出貨、行銷、銷售與服務流程中，任何一個環節出現異常，都會產生產業斷鏈危機。

供應鏈和價值鏈都是一條冗長而複雜的流程鏈，每一家公司都有許多供應來源，也都透過多重行銷通路，包括國內和國外。供應來源、生產作業或行銷通路若產生問題，馬上出現斷鏈危機，例如：原材料短缺，進料受阻，停工待料，生產停頓，被迫減產甚或關廠，物流癱瘓，供需失衡，顧客買不到所需要的產品……。產業斷鏈危機影響層面非常廣泛，輕者會傷害公司日常運作，大者重創國家經濟發展，更嚴重者會殃及全球經濟成長。

企業價值鏈若出現斷鏈現象，相對比較容易解決，產業價值鏈涉及不同產業的獨特生態，若出現差錯，很多因素都不是單一產業所能掌控，解決的困難度之高可想而知。一般而言，廠商在部署價值創造活動時，都會在「集中」與「分散」之間做抉擇，兩者各有策略考量。

集中是指只向一家供應廠商採購，以確保供應與配合品質，並且享有大量採購的經濟利益；透過單一通路銷售產品，以維持市場秩序與服務品質。分散是指同時向多家供應廠商採購，分散供應來源，降低斷鏈風險；透過多重通路行銷，廣爲配銷，爭取更多銷售機會，讓消費者容易買到所需要的產品。

受到新冠肺炎疫情蔓延的衝擊，許多產業供應鏈出現斷鏈危機，損失慘重，產業紛紛啓動緊急應變措施，期望把損失降到最低。太平盛世安穩度日，常疏於檢討，以致出現煮青蛙效應，如今經營環境產生巨變，審慎檢討，重新部署，何嘗不是一個契機。下列決策雖非絕對創舉，但仍然是最受重視的討論重點。

1. 分散供貨來源，同時向多家供應廠商進貨，降低上游供應斷鏈風險。

2. 增闢行銷通路，實施多重通路配銷，降低下游供給斷鏈風險。

3. 建立及維持良好產業關係，確保緊急狀況下貨源不缺，行銷通路暢通。

4. 研究及洞悉上下游關係產業的生態，及早因應，領先來往廠商。

5. 開發及培養國內供應廠商，協助提升供應品質與能耐，縮短供應流程。

6. 拉高層次偵測全球產業經濟動態，科學分析，適時因應。

供應斷鏈問題癥結很多，更糟的是令單一廠商束手無策，一旦出現危機常面臨無計可施的窘境，只好眼看著蒙受損失。危機雖可怕，應變不可無，供應斷鏈出現危機，正是企業檢討價值創造活動，重新思考部署供應鏈的時刻。本著「凡事豫則立，不豫則廢」的信念，及早因應，領先供應鏈關係廠商，降低斷鏈風險。

6.5 防疫作戰超前部署策略

全球各國政府因應新冠肺炎疫情，紛紛祭出非常手段，控制疫情蔓延，包括下達國內封城令，暫時限制人民進出疫區，實施邊境管制，防堵感染源，接回旅外國民，實施採檢及隔離，居家檢疫或居家管理，確保人民安全健康。接著提出緊急應變措施，編列龐大預算，紓困受創企業，補助失業勞工，發現金給全體國民救急，協助度過難關。

正當各國政府面對新冠肺炎疫情，陷入手忙腳亂，束手無策之際，我國政府因爲有防堵 SARS 疫情的經驗，今年（2020）1 月 20 日在衛生福利部疾病管制署，成立「嚴重特殊傳染性肺炎中央流行疫情指揮中心」，由疾病管制署署長擔任指揮官，統籌整合各部會資源與人力，全力守護國內防疫安全。隨著全球疫情快速變化，1 月 23 日趕緊提升爲二級開設的「中央流行疫情指揮中心」，2 月 27 日再提升爲第一級開設，均由衛生福利部部長擔任指揮官。

中央流行疫情指揮中心提出「防疫作戰超前部署策略」，規劃一系列防疫大作戰，朝著防疫、紓困、振興，三大方向進行。從 1 月 21 日國內發現首例病例以來，到 8 月 18 日共出現 486 例，其中境外移入 394 例，本土案例 55 例，敦睦艦隊 36 例，及 1 例待釐清，解除隔離 450 例，死亡人數 7 人。

我國防疫國家隊防疫工作表現得可圈可點，是公共政策事件行銷的典範，從防疫初期的嚴格管制到精準掌握疫情，從掌握疫情到獲得控制，再到逐步解封，到 6 月 7 日大幅開放大型聚會活動，媽祖開始展開遶境活動；從國內防疫到支援外國防疫作戰，捐贈防疫物資，防疫成效斐然，有口皆碑，被譽爲全球防疫模範生，世界各國紛紛前來取經。

我國政府在未雨綢繆，有備無患的理念下，提出超前部署策略，在中央流行疫情指揮中心下，務實展開許多防疫作爲，如圖 6-1 所示。

圖 6-1　我國政府超前部署的防疫政策

1. 實施邊境管制

眼看著新冠肺炎疫情的嚴重性，尤其是中國湖北省武漢地區最爲嚴重，我國政府先是迅速在疾病管制署成立三級開設的指揮中心，統籌整合資源及人力，實施來自武漢地區的邊境管制，守護國內防疫安全。隨後眼見疫情嚴重程度遠遠超乎預期，今年（2020）1 月 23 日迅速將指揮中心提升爲二級開設，在衛生福利部成立「中央流行疫情指揮中心」，擴大實施邊境管制及其他超前部署政策。2 月 27 日再將指揮中心提升爲一級開設，擴大實施邊境管制，確實防堵病原進入國內。

由於防疫方向正確，政策精準，邊境管制措施發揮效益，到8月18日止共篩檢出394境外移入案例，並配合進行隔離。此期間僅發現本土案例55例，沒有發生大量感染現象，給國人鬆了一口氣，對防疫工作充滿信心。

2. 規劃檢疫及隔離場所

超前部署最可貴的在於未雨綢繆，有備無患，制訂各項檢疫工作SOP，規劃負壓隔離病房，以及完善的隔離場所、容量及相關設施，以備不時之需。

規劃作業包括適當檢疫及隔離地點，以及所能掌握的檢疫能量，做爲後續採檢及隔離作業的準據。

3. 集中隔離，防止疫情蔓延

入境人員無論是本國人或外國人，一律在機場、港口進行防疫篩檢，防堵疫情進入國內。實施初期，採檢結果呈現陽性反應者立刻送往醫院隔離治療，其餘人員安排居家隔離或居家自主管理十四天。後來採取嚴格措施，採檢結果呈現陽性反應者，立刻送往醫院隔離治療，其餘人員安排到隔離場所集中隔離，持續觀察十四天，經採檢健康無虞者可以回家進行自主管理，將防疫工作做到滴水不漏的境界。

4. 調派防疫人員

防疫視同作戰，防疫政策必須靠優秀的防疫人員落實執行，短時間要調派這麼多防疫人員，其實也是一大挑戰，必須動員大批醫師、護理師，以及配合檢疫作業的所有相關人員，而且要有長期抗疫的心理準備，才能竟全功。指揮中心成功調派全國防疫人員，肩負起第一線防疫工作，任勞任怨，無怨無悔，扮演防疫尖兵的角色，令人佩服，贏得尊敬。

5.調度防疫物資

軍隊作戰，糧草先行，一旦開戰，最忌諱的不是缺乏糧草，就是分配不均，或是補給不及，影響戰力至深且巨。防疫期間防疫物資的調度與管理，成爲防疫作戰的重點工作，一方面要優先滿足第一線防疫人員的需求，讓有需要的人有足夠的防疫物資可用，一方面要穩定防疫物資的正常充分供應，消除一般人民的恐慌心理，防止囤積居奇，政府在這方面的努力，確實也發揮了強大的影響力。

指揮中心協調及調度防疫物資，呼籲一般人配戴醫療用口罩即可，其他進階口罩留給醫療人員使用。同時宣布統一調度政策，例如：暫時停止口罩外銷，籌組口罩國家隊，鼓勵業者增設生產線，積極增產，充分供應。在消費端則採取實名制，初期每人憑健保卡一星期限購 3 片，後來隨著供應量增加，修正爲兩星期購買 9 片，使有限防疫物資發揮最大功效。

6.宣導防疫知識，呼籲養成習慣

民衆防疫「知易行易」，可貴的在於養成習慣，落實執行。指揮中心透過各種媒體，邀請醫生及護理人員拍攝宣導影片，利用多種語言，深入各階層，宣導防疫知識，包括勤洗手、戴口罩、量體溫、保持安全社交距離，喚起民衆養成習慣，共同防疫病毒擴散。

公共場所、辦公場所、機關團體、車站港口、遊樂場所、百貨公司、大小賣場、學校、社團……，熱烈響應政府的號召，落實實施日常防疫工作，加上人民積極配合，一時之間，全民都在扮演防疫尖兵的角色，有效防堵疫情擴散，以致沒有造成社區感染。

7.每天開記者會，公布最新疫情資訊

防疫期間提供正確可信的疫情資訊，成爲人民企盼瞭解的最重要資訊。指揮中心不辭辛勞的每天下午召開記者會，公布最新疫情資訊，並且接受媒體記者提問，讓人民充分、正確瞭解疫情狀況，滿足人民「知」的權利，防止恐慌心理，貢獻宏偉。

防疫期間，每天下午準時收看（聽）疫情直播記者會，瞭解疫情發展，成為全民運動，得知國外疫情逐漸蔓延，確診案例逐漸升高，令人擔憂。看到國內疫情受到控制，確診案例逐漸下降，甚至連續多日零確診，為我國防疫工作感到欣慰。

8. 專機接回在中國的臺商

疫情爆發初期，眼看著疫情愈來愈嚴重，滯留武漢的臺商人士及家屬，心急如焚，急著要回國，受到航班及機場、港口管制的影響，遲遲未能成行。

政府相關單位透過各種管道，不停協商，全力以赴，終於分兩梯次，專機接回在中國的臺商其家屬，贏得喝采。

9. 管制大型聚會活動

人們的聚會活動可能是病毒感染的溫床，尤其是大型的聚會活動。政府有鑑於此，啓動管制措施，限制各種聚會活動，雖然造成一時的不便，人們都樂意配合，例如：旅遊、廟會、球賽、婚禮、舞廳、酒吧、卡拉 OK，都有一定規範，確保國人健康安全。

超前部署規範學校班級若有一人確診，該班級即停課，全校若有兩人確診，全校停課，以確保學生健康安全。學生座位採取梅花坐安排，保持一定社交距離。此外，呼籲學校做好遠距教學準備及模擬，維護學生得以正常學習。

10. 提出紓困企業方案

受到新冠疫情的影響，各行各業經營頓時陷入困境，全球皆然，世界各國政府紛紛祭出紓困方案，投入高額預算，協助企業度過難關。例如：美國投入 2 兆美元，日本投入 108 兆日圓，韓國頭入 100 兆韓元。

我國政府投入 600 億元特別預算，其中 196 億用於防治，404 億元用於紓困各產業的經營，其中中小企業 135 億元，運輸業 87 億元，觀光旅行（宿）業 73 億元，餐飲與零售業 40 億元，農漁業 35 億元，藝文產業 8 億元。

11. 發放振興三倍券

爲鼓勵消費，振興經濟，許多國家政府直接發給每位國民一次性現金，而且採取「無差別」紓困，刺激消費。例如：美國發給每位國民1,200美元，日本10萬日圓，香港1萬港幣，新加坡600新加坡幣；韓國以家庭爲單位，4 口的家庭可獲得 100 萬韓元。我國政府發給每位國民振興三倍券。

我國政府編列 4,200 億元（預算），推出振興三倍券，期望達到刺激消費，振興經濟的目的（紓困 1.0 投入 600 億元，2.0 投入 1,500 億元，3.0 投入 2,100 億元）。振興三倍券是指人民拿出 1,000 元，到政府指定機構換取 3,000 元抵用券，可用於購買所需用品。此外，還有國民旅遊補助，藝文創作補助，多管齊下，活絡經濟。

12. 支援國外防疫工作

基於「人飢己飢，人溺己溺」的信念，以及發揮人道救援精神，我國政府啓動「行有餘力，支援國外」機制，提供防疫物資支援國外，共同抗疫，贏得「Taiwan can help and Taiwan is helping！」的美譽。

據外交部宣布的資料，接受我國支援防疫物資的國家，包括 (1) 提供給美國迫切需求的口罩每週 10 萬片，並且捐贈 200 萬片協助強化美國第一線醫療人員的防護措施。(2) 捐贈歐盟及疫情較嚴重的會員國共計 700 萬片口罩，包括義大利、西班牙、德國、法國、比利時、荷蘭、盧森堡、捷克、波蘭、英國、瑞士。(3) 捐贈邦交國 100 萬片我國產口罩、熱像體溫顯示儀 84 臺、耳溫槍等。

6.6 防疫新生活

新冠肺炎疫情重創國家經濟發展，打亂人民的生活步調，全球無一倖免。眼見疫情完全復原尚需要一段時日，我國政府呼籲國人要養成防疫、抗疫新生活習慣。衛生福利部在今年（2020）4 月 30 日，訂定「COVID-19 疫情期間民眾假期生活防疫指引」，供人民遵循，謹摘錄幾項重點如下：（註 8）

1. 維持良好衛生習慣，落實正確洗手，呼吸道衛生與咳嗽禮節，以減少感染與傳染疾病的機會。

2. 如果要外出活動，維持勤洗手的習慣，自行攜帶乾洗手用品，以備不方便洗手時使用。

3. 在室內最好保持 1.5 公尺，室外 1 公尺以上的社交距離，若無法維持，應配戴口罩。

4. 如果不得已需要出入人潮密集、密閉或通風不良空間，或參加有不特定對象，或近距離密集接觸場合，要配戴口罩。

5. 如果出現發燒或呼吸道症狀，應配戴口罩，不要外出，如需就醫，不要搭乘大眾交通工具，以降低疫情風險。

塞翁失馬，焉知非福。新冠肺炎疫情雖然重創國家經濟，雖然帶給人們極大的不便，影響人們的生活至深且巨，但是也促成政府重新部署公共政策的動機，帶給企業自我練兵的機會，趁機檢討經營策略，擘畫新政策，杜絕浪費，將有限資源做最佳分配與運用；帶給人民檢討新生活習慣，簡化日常生活方式，消弭奢侈，過更有意義的生活，期望明天會更好。

台積電創辦人張忠謀先生，2020 年 3 月 31 日在妻子張淑芬的新書《引路：張淑芬與台積電用智慧行善的公益足跡》發表會上，認為新冠肺炎疫情過後，將會改變我們的生活方式，全世界都會改變，尤其是對中產階級以上的國人，於是呼籲國人準備過新生活，改變生活習慣。

(1) 自家開伙，減少外食，經濟實惠，乾淨衛生。

(2) 減少不必要聚會，在家時間增多。

(3) 外送服務更盛行，外送業者競爭激烈。

(4) 改變人與人之間的關係，電子通訊大幅取代人際間接觸。

(5) 購物次數減少，每次購買數量增加，總體消費銳減。

(6) 在家時間增多，家庭娛樂需求增加，家庭生活重新獲得重視。

(7) 在家上班概念成型，視訊會議及移動辦公室更盛行。

(8) 衛生意識提高，個人及家庭、辦公室清潔衛生用品更受重視。

(9) 生活趨於保守，個人及家庭支出縮減。

(10) 過「新、速、實、簡」的新生活。

歐睿國際市調公司（Euromonitor International）今年（2020）6月，就新冠肺炎疫情發生後，對消費市場造成的影響做了一項調查，調查結果指出，疫情發生後的消費市場有下列6大關鍵趨勢（註9）。

(1) 永續發展目標的調整，「糧食安全」成爲首要考量。

(2) 創造新消費體驗，「回家吃飯」重返主流。

(3) 消費場域與時間改變，「消費行爲」大不如前。

(4) 健康重新定義，人們追求更加「純粹」的健康飲食。

(5) 創新需要新思維，沒辦法再像以前一樣「一切照舊」。

(6)「新常態」誕生，但「包裝食品」產業較不受影響。

6.7 公共政策事件行銷教戰守則

人民是政府最忠實的顧客，政府提供的公共政策都是爲了要服務人民，滿足人民的需求，爲人民及國家、社會謀最大福利。政府和人民所站的位置高度不同，供給與需求會出現落差。猶如不同海拔的地方，氣溫各不相同，即使海拔相同的地理位置，例如：平原、海邊、市區、郊外，氣溫也有差異。政府施政貴在深入民間，體恤民情，瞭解人民的需求，研擬符合民情的政策，才能對症下藥，建立廉能的政府；不能以官員的高度與心態，推論人們的需求，更不能憑官員的感覺做爲制訂政策的基礎。

公共政策是要讓全體國民充分理解，讓人民「知其然，亦知其所以然」，進而落實遵守力行，這才是政府存在的價值，也才是人民之福。公共政策要做到全民皆知，就要應用整合行銷原理，發揮事件行銷的功能，才能達到目的。公共政策事件行銷善用管理學所提倡的5W及行銷學所主張的6P原理，確實掌握下列教戰守則，可以廣收事半功倍的效果。

1. **服務對象**（Who）：政府服務的對象是全體國民，沒有性別、年齡、職業、教育、居住地區之分，沒有顧客分類的問題，這一點和企業將顧客區分爲好幾種類別不同。政府施政本著「天無私覆，地無私載」的氣度，發覺人民尚未滿足的需求，超前部署，進而滿足之，爲全體國民謀福利。

2. **服務項目**（What）：政府施政貴在應用行銷導向觀念，瞭解人民要的是什麼，以及探究人民爲什麼（Why）需要這些產品與服務（Product），而不是政府能提供什麼服務。至於要提供人民需要的產品與服務，必須深入民間，「用心」傾聽顧客的聲音，視人民的小事爲政府的大事，誠如管理大師彼得．杜拉克（Peter Drucker）的名言：「管理者所要關心的是你的顧客，而不是只愛你的產品」。

3. **服務時機**（When）：廉能政府的特徵之一是在領先顧客，超前部署，有以待之，施政思維以顧客爲依歸，永遠走在顧客前面。誠如中華電信公司的廣告所言：「爲了你，我們永遠走在最前面」。

4. **服務地點**（Where）：廠商建構行銷通路（Place），首重講究讓顧客方便，顧客方便買到公司的產品，行銷才有意義。公共政策制訂重點在於「知易行易」，唯有知易行易才能落實遵守，政府施政給人民方便，就是給政府方便。

5. **實際作法**（How to do）：管理學上所稱「如何做」，主張應用科學方法，落實執行每一項細節工作。公共政策的執行牽涉到兩種人，第一是政府相關經辦人員，必須本著大公無私的服務精神，熱忱提供優質的服務，造福人民；第二是一般人民，必須抱持遵守爲上策的初衷，落實執行每一政策細節。

6. **定價收費**（Price）：政府爲規模最大的非營利機構，國家編列預算執行各項業務。政府提供服務的定價與收費和企業大不相同，政府提供的服務有些不收費，有些要收費。政府的定價政策，首先要考慮的是要不要收費，以及顧及公平正義原則，若要收費，收取多少費用，收費標準要做到全國一致，童叟無欺。

7. **政策宣導**（Promotion）：政策制訂之後，必須廣爲宣導，才能讓人民知所遵循。政策宣導和企業的廣告活動不盡相同，通常需要利用整合行銷傳播原理，透過不同媒體，反覆不斷的宣導與提醒，才能達到宣導的目的。例如：新冠肺炎疫情防疫期間，政府邀請醫生及護理人員拍攝廣告影片，透過各種媒體宣導防疫政策與知識，呼籲人民養成及落實良好衛生習慣。

8. **服務流程**（Process）：政策的執行都有一定程序，公共政策與企業策略的執行過程並沒有差別，重點在於簡化程序，化繁爲簡，縮短流程，一方面讓政府管理單位容易管理，一方面讓一般人民容易遵循，樂意遵守，達到雙贏的境界。

9. **服務人員**（People）：公共政策行銷過程中，政府第一線服務人員扮演關鍵角色，他們和顧客接觸最頻繁，最瞭解顧客的需求，他們的服務熱誠與服務品質就是人民給政府的評價準據。因此服務人員必須心存爲人民公僕的心態，抱持謙卑爲懷的心情，誓言爲人民提供最滿意的服務。

10. 完整計畫（Proposal）：公共政策是一種全面性的政策，關係到全民的福祉，政策的制訂與行銷，必須要有完整的計畫，從大處著眼，小處著手。只有心中有人民，才有可能研擬迎合人民的政策方案，只有全方爲思考，才不會顧此失彼，有完整的計畫與配套，才是高明的政策，才能贏得人民的掌聲。

6.8 本章摘要

今年全球規模最大的事件行銷，肯定是防堵新冠肺炎疫情蔓延的防疫大作戰，世界各國都展開防疫大作戰，歷時已經超過半的年頭，仍然陷在抗疫、防疫作戰中。防疫是當前政府最迫切的公共政策，政府積極制訂的公共政策，引用整合行銷原理，利用事件行銷手法，拉高層級，廣爲宣傳，已經蔚爲一股風氣，互相觀摩，交換心得，貢獻卓著，爲事件行銷提供了最佳案例。

本章前半段參考相關文獻，論述公共政策的意義與分類，接著討論公共政策行銷相關議題，包括政策行銷的意義與目的，政策行銷6P’s 組合，列表比較政府的顧客和企業的顧客，儘管有很大的不同，但是人民是政府的忠誠顧客卻是不爭的事實。後半段討論我國政府防疫大作戰與事件行銷的具體作爲，引述新冠疫情部分統計資料，以及政府提出「超前部署」政策及其執行情形與成果，呼籲國人過防疫新生活。最後提出政策行銷 10 項教戰守則，做爲本章的結論。

參考文獻

1. Cochran, Charles L., and Eloise F. Malone, Public Policy: Perspectives and Choices, 1995, New York: McGraw-Hill, Inc..
2. Lowi, J. Theodore, Four Systems of Policy, Political and Choice, Public Administration Review, Vol.32, No.4, (Jul-Aug), 1972, pp.298-310.
3. 丘昌泰著，2019，公共政策：基礎篇，第五版，巨流圖書股份有限公司，頁25-26。
4. 魯炳炎，政策行銷理論意涵之研究，中國行政，2007，第78期，頁31-53。
5. 吳定，2017，公共政策，第二版，五南圖書出版股份有限公司，頁441。
6. 同註5，頁441-442。
7. BBC News中文，全球最新情況數據一覽表，https://www.bbc.com/zhongwen/trad/amp/world-52932320。
8. 衛生福利部疾病管制署網站，www.mohw.gov.tw，109年4月29日。
9. 黃敬翔，新冠肺炎帶來的「新常態」是什麼？全球6大消費趨勢大解析，2020.07.03，聯合新聞網／食力Foodnext。

1. 政策宣導事件行銷要領

1961年美國總統甘迺迪（John F. Kennedy）就職演說中指出，消費者享有四大基本權利：安全、被告知、意見被聽取、自由選擇。人民是政府的最大顧客，政府公共政策當以滿足顧客為最大職志，政策宣導不但要滿足顧客「被告知」的權利，更要邀請顧客熱情參與，共襄盛舉。

一般人對政府公共政策行銷的反應都很冷漠，認為那是政府的事，和我沒有關係，以致所表現出來的態度不是興趣缺缺，冷漠視之，就是我都知道了，無須多費口舌。面對這種漠不關心的態度，增添公共政策行銷的困難度。

公共政策顧名思義是指攸關人們生活的重大事件，政府相關部門在特定時期，為解決公共事務或公共問題所採取的重大政策。既然是公共政策，就必須讓人民充分瞭解，滿足「被告知」的權利，進而邀請熱情參與，共襄盛舉。要吸引人民熱情參與，共襄盛舉，必須向企業學習行銷手法，把公共政策視為一種「產品」或「服務」，透過事件行銷，廣為宣導。

公共政策的範圍非常廣泛，舉凡一般政令宣導、法律知識、環保議題、人民權益、全民健康、防疫作戰、節能減碳、交通安全、防災應變、反毒戒毒……，不一而足。公共政策行銷的要旨在於喚起注意，引起興趣，激起參與慾望，採取實際行動。公共政策不但非常多元，而且都和人們的生活息息相關，成為當前事件行銷很重要的題材。

2019年6月23日國際反毒日，行政院制訂「新世代反毒策略」，內政部推出「反毒行動巡迴車」深入偏鄉，宣導反毒行動。新北市政府推出「青春專案，陪伴青少年安心成長」活動。桃園市政府推出「拒絕毒品最Young，桃園最強棒，讓毒品Out」活動。南投縣政府推出「反毒反黑反霸凌，南投打造友善校園」活動。高雄市政府推出「愛與陪伴，全民防毒」活動。各級政府呼籲全民反毒，透過事件行銷，以實際行動杜絕毒品氾濫。

公共政策並非以營利為目的，而是以滿足人們「被告知」的權利為職志，和企業事件行銷大不相同。政策宣導事件行銷的要領可整理如下：

1. **互動行銷**：政策宣導不是在唱獨腳戲，不宜抱持「報銷主義」心態，敷衍了事。而是要審慎規劃，擴大宣導，邀請人們熱情參與，和人們進行互動行銷，寓教於樂，利用AIDA原理，達到「知易行易」的效果。
2. **扎根行銷**：政策行銷透過扎根教育方式，可以收到事半功倍的效果，環保、健康、防疫、節能減碳、交通安全、防災應變、拒絕毒品……，從扎根學童教育做起，影響家長的行為，再擴及整個社會，效果非常顯著。例如：日本小學生把家裡用過的牛奶紙盒，清洗乾淨後帶到學校投入回收桶，由廠商回收再利用。
3. **同步行銷**：公共政策事關全民，必須由各級政府的相關部門，就同一議題進行同步行銷，引起全民的注意與參與，擴大事件行銷的能見度與相乘效果。例如：上述國際反毒日，中央及地方各級政府展開宣導活動，達到遍地開花的效果。

4. **趣味行銷**：政策行銷必須避免出現枯燥乏味，乏人問津的場面。應設法把原本單調乏味的公共政策設計成趣味盎然的行銷腳本，例如：穿插趣味表演活動，舉辦有獎徵答，鼓勵打卡留言，贈送文宣紀念品，將枯燥轉換為有趣的活動。
5. **持續行銷**：公共政策宣導如果是一帖補藥，只服一帖絕不會產生效果。人們都有健忘的習性，導致政策宣導不是一次就能達陣，必須視為經常性活動，圍繞著同一主題，採用不同表現方式，持續行銷，經常提醒，才會有效果。

政府為滿足人民被告知的權利，施政講究透明、公開，讓人民充分理解，才能引起密切配合行動。公共政策宣導成為當今政府施政的重要項目，把政策當作重要「事件」來行銷，也是當前政府刻不容緩的要務。

（原發表在109年7月10日，經濟日報，A14經營管理版）

2. 善用3S　提高效率

清朝著名經學家李文炤的〈儉訓〉，第一句說：「儉，美德也，而流俗顧薄之」。管理學主張用3S來提高效率，3S是簡單化（Simplification）、標準化（Standardization）、專業化（Specialization）的簡稱。以簡單化為首，意指化繁為簡，提高效率，杜絕浪費，可以增強組織的競爭力。參照「儉訓」的論點，可以引伸出：「簡，效率之源泉也，而管理者顧薄之」。

最近大家對振興三倍券討論很多，到哪裡買、如何買、何時買，在哪裡用、何時用、如何用，到哪裡兌現、何時兌現、如何兌現……，每一環節都有一定程度的複雜化，總覺得把簡單的事情複雜化了，和管理學原理背道而馳。這種情形不會發生在企業場域，因為企業資源有限，講究效率，沒有浪費的本錢，加上競爭激烈，一定要把錢花在刀口上。

簡單化並非馬虎行事，呼弄應付，而是認真力行 3S 政策，進一步做到標準化、專業化。標準化是指產品規格一致，統一操作方法，大家都懂，大家都會，不會出差錯。專業化是指各有所專，運用組織運作力量，分層負責，管理者負責規劃及下定決策，執行人員肩負落實執行任務，上下一心，達成共同目標。

複雜化的結果千奇百怪，最常見的是作業沒頭緒，職責不分明，大家忙得團團轉，卻不知在忙些什麼，以致陷入「忙、茫、盲」窘境而不自知。整個組織運作猶如烏合之眾，群龍無首，大事沒人管，小事搶破頭，總司令搶著充當射擊手，沒人觀察敵軍動靜，這是何等危險的事。作業複雜化落得管理者「只看到眼前的小針孔，看不到遠方的大山洞」的場景。用管理語言來詮釋就是「看不到未來」，這就是一般所稱「管理短視症」，勢必會造成非常嚴重的後果。

現代人講究美容瘦身，希望保持健康、健美的體態；先進企業也在縮減規模，縮編組織，精簡人事，提高工作效率，強化競爭優勢。化繁為簡具有下列多層意義與效益，企業都趨之若鶩。

1. **化繁爲簡，知易行易**：把複雜的事情簡單化，這是管理者最基本的功課，簡單化可以發揮知易行易效應，衍生事半功倍效果。
2. **簡化產品，降低成本**：站在顧客立場思考，簡化產品結構設計，應用模組化技術，方便顧客使用，操作簡單，廠商容易維修，節省成本，一舉數得。

3. **簡化製程，容易製造**：應用科學的工作研究與分析方法，簡化製造程序，使製程更合理、更順暢，大幅提高效率，減少浪費，增加產出。

4. **簡化流程，精緻服務**：簡化服務流程，利用「剔、合、排、簡」的流程合理化分析技術，簡化服務過程的每一細節，使工作更輕鬆，不容易出差錯。

5. **簡化回收，節約能源**：簡化產品、包裝或回收作業，容易瞭解，方便執行，減少汙染，達到節約能源目的，贏得社區的掌聲，獲得社會的尊敬。

政策事件行銷方案，貴在簡單、務實、可行，管理者很清楚的知道目的是什麼，策略意義是什麼，不會迷失方向；執行者都知道如何全力以赴，落實執行，實現理想，過程中不會出差錯；最重要的是顧客充分瞭解事件行銷在做些什麼，以及所創造的價值，因而樂意熱情參與，共襄盛舉。

3S政策是通往卓越管理的捷徑，尤其是簡單化，更是忽略不得。政策事件行旨在分層負責，各有所專，知所當為，各有所長，知所盡責；不搶功攬權，不越俎代庖，嚴守分際，互相尊重；使人人有事做，事事有人做；大事有人管，小事有人做。管理者下決策之後，由執行者負責落實執行，管理者還有更多、更重要的決策要做，執行者也有其他許多工作要落實執行。

（原發表在109年8月19日，經濟日報，B5經營管理版）

研討問題

1. 公共政策是政府施政的主軸，舉凡攸關人民的大小事務，都是政府責無旁貸的責任，請從社會行銷的觀點，討論公共政策的範圍。
2. 防疫大作戰過程中，我國政府研擬超前部署政策，提出許多務實而有效的做法，締造輝煌成果，除了本章所論述的項目與成果，請繼續討論其餘作爲與成果。
3. 新冠肺炎疫情逐漸獲得控制，人民雖然逐漸恢復正常生活，但是經濟活動受到嚴重的影響，各界呼籲人民要有過防疫新生活的心理準備，請討論防疫新生活的具體內容。

第 7 章

會展活動與事件行銷

7.1　前　言
7.2　會展的意義、目的與功能
7.3　會展行銷的意義與重要性
7.4　會展事件行銷原理
7.5　會展事件行銷企劃要領
7.6　會展事件行銷案例
7.7　會展事件行銷的績效評估
7.8　本章摘要
參考文獻
個案研究：會展事件行銷兼具多重功能
研討問題

7.1 前言

展覽是企業展示新產品，展現新技術的一個重要平臺，這個平臺具有多項功能，除了展現新產品與技術研發的成就之外，最重要的是藉著展覽的機會，找到對的買主，把對的產品與技術，精準的銷售給對的買主。

以往的展覽顧名思義是以「展示」、「展覽」等靜態展示爲主，舉辦展覽的業者少，參展的機會少，參展的廠商也相對稀少。現代企業講究「會展」，除了動態性展現公司的產品與技術成就之外，更重視利用「展覽」之名，進行「會談」之實，積極推銷公司的產品與技術，拓展國內外市場。由於參展機會多，參展經驗豐富，「會展」成爲現代企業非常重要的例行工作。

會展可區分爲兩大區塊：會展產業與參展廠商。會展產業是指舉辦會展活動的政府單位或專業廠商，例如：外貿協會、國貿局、縣市政府相關單位舉辦的會展活動，以及擅長舉辦會展活動的專業廠商業者。參展廠商則是指選擇及評估會展性質與機會，參與展出產品與技術的廠商。

會展是一項高度專業的活動，無論是舉辦者或是參展者，都會拉高層級，炒作話題，運用整合行銷原理，結合多項活動，包裝成會展事件行銷，大肆宣傳，轟轟烈烈舉行。舉辦者與參展者都需要瞭解會展事件行銷的意義、目的、功能，熟諳會展事件行銷的原理及其重要性，掌握會展事件行銷的企劃要領，才能使會展事件行銷辦得有聲有色，締造輝煌的成果。

7.2 會展的意義、目的與功能

7.2.1 會展的意義

根據字典上的解釋，一般的會議是指許多人集合在一起，商量某一或某些事情。引伸而言，商業活動所稱的會議（Meetings），是指一群人在特定時間與地點相聚，爲了某種目的或需求，互相討論或分享資訊，滿足所需的一種的活動。

展覽是指陳列物品或研究成果，供人觀賞與鑑賞，甚至購買使用或收藏。商業活動上所稱的展覽（Exhibitions）是指在某一地點舉行，參展者與參觀者藉由陳列物品產生互動，參展者可以將展示物品推銷或介紹給參觀者，有機會建立與潛在顧客或準顧客的關係，參觀者可以從展覽中獲得有興趣或有價值的資訊。

早期的展覽是一種臨時性的大型工商市場，通常選擇在特定地區、時間，聚集對某一產業及產品有興趣的買賣雙方，進行交易媒合的一種商業活動（註 1）。展覽的規模不一，地點不定，展覽期間長短不一，都屬於短期展覽。展覽活動有政府所舉辦者，也有民間企業組織的協會、公會所舉辦者；有地區性展覽活動，有全國性展覽活動，也有國際性展覽活動；有產業別專業展覽活動，有綜合性展覽活動，不一而足。早期的展覽偏重在展示產品與技術研發成果，至於交易媒合功能似乎沒有表現得特別積極。

近年來，廠商熱衷於參加國際會議與國際展覽會，經濟部國貿局將國際會議與國際展覽做了嚴謹的定義，國際會議是指與會人員來自三個以上國家或地區，且與會人數 100 人以上，其中外國人數 30% 或達 50 人以上之會議（註 2）。國際展覽是指國外直接參展廠商達 10% 以上，或來自六個以上國家或地區之商展（註 3）。

現代展覽積極集合一般會議、獎勵旅遊、大型會議與展覽為一體，通稱為會展（Meetings, Incentives, Conventions & Exhibitions, MICE）（註 4）。質言之，會展顧名思義具有會談、獎勵、會議、展示產品與技術等多重意義，顯然已經超越單純展覽的一種多功能商業活動，也是企業面對面接觸潛在顧客與準顧客，拓展業務的一條絕佳捷徑，更是當今企業操作事件行銷的良好體裁。

會展具有兩層任務，消極任務是在展示及演示產品的功能，展示公司技術精進與研發成果，展現公司的競爭優勢。積極任務則是藉著展覽機會，向潛在顧客及準顧客推銷公司產品與技術，拓展國內外市場，爭取訂單，達到銷售目的。

7.2.2 會展的目的

公司參與會展活動，不只是單純展示產品與研發成果，更重要的是要提高公司知名度，塑造良好企業形象，拓展市場，銷售產品。質言之，會展具有多重目的，這些目的可以區分為下列四種進程，如圖 7-1 所示。

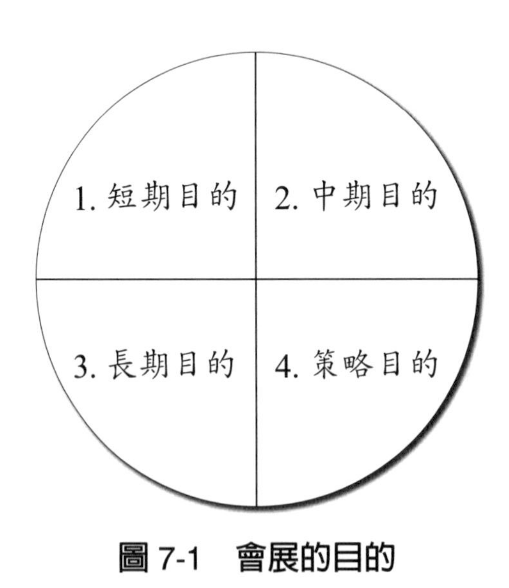

圖 7-1 會展的目的

1. **短期目的**：展覽會期間很短，通常都只有 3 到 5 天，藉著在展覽會上展現新技術，發表新產品的機會，達到銷售公司產品的目的。例如：參加會展的廠商除了展覽產品之外，也都會提供特別優惠條件，現場銷售公司產品。

2. **中期目的**：利用會展的「會談」機制，積極尋求及接觸潛在顧客及準顧客，發覺新商機，拓展新市場，爲公司永續發展奠定堅實基礎。例如：參展廠商的行銷人員，利用會展場合，積極尋求買主，洽談生意，爭取訂單。

3. **長期目的**：藉著參加展覽機會，積極和顧客、潛在顧客、準顧客及參訪廠商、來賓交流，互相切磋，瞭解消費行爲趨勢，觀摩同業研發成果與展覽實況，掌握市場脈動。例如：舉辦產業論壇、座談會、交流會，聆聽顧客意見，瞭解產業需求與動態。

4. **策略目的**：公司參與會展活動，具有突顯競爭優勢的指標意義，觀察競爭者的動態，瞭解主要競爭廠商的技術發展方向與水準，達到知己知彼的目的。會展通常都是冠蓋雲集，菁英齊聚的場合，也是展現公司競爭優勢的絕佳時機。

7.2.3 會展的功能

會展是當今企業拓展貿易，開發市場的重要途徑，不僅對公司經營著有卓越貢獻，會展創造可觀的商機，對國家經濟發展注入一股強大的動力。世界各國政府都設有「世界貿易中心」及各種「展覽館」，積極在推展會展活動。

會展活動具有下列功能，如圖 7-2 所示。

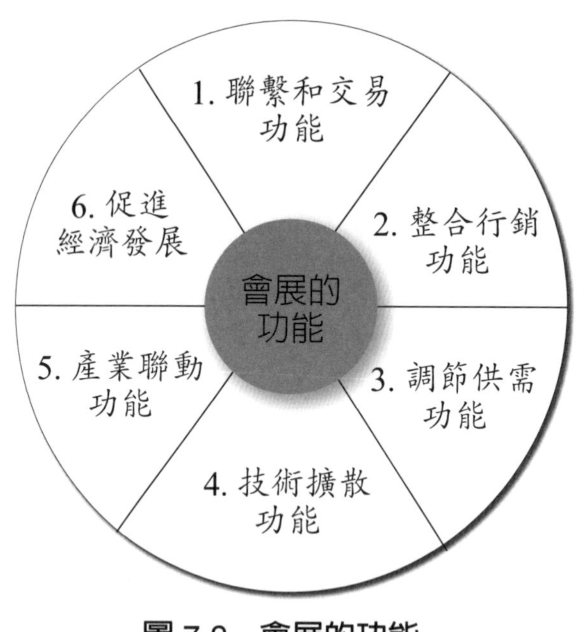

圖 7-2　會展的功能

1. **聯繫和交易功能**：會展提供業者（賣方）和顧客（買方）一個聯繫和交易的平臺，透過這個功能，廠商可以接觸到有需求的顧客，顧客可以找到可以滿足需求的廠商和產品，雙方互相聯繫、溝通，達到各取所需的交易目的。

2. **整合行銷功能**：會展提供廠商一個施展事件行銷的平臺與機會，利用整合行銷原理，結合廣告、促銷、公關、媒體、推廣等活動，在短時間內有效提高公司和產品的知名度，塑造企業良好形象，增強企業競爭優勢。

3. **調節供需功能**：企業平日運作過程中，供給與需求常常是最棘手的問題之一，供過於求，浪費資源，供不應求，造成機會損失。會展所爭取到的訂單，具有調節及平衡供給與需求的作用，有助於把公司有限資源做最適當配置。

4. **技術擴散功能**：公司研發新技術的目的，是要應用於相關領域，提高生產效率，改善產品品質，縮短製程，簡化流程，提供快速而精準的服務。精進的技術透過會展平臺的推廣，可以迅速收到擴散效果。

5. **產業聯動功能**：產業間存在有價值鏈關係，每一個價值鏈代表各不相同產業，不同產業間的價值鏈具有密切的聯動關係。參與會展活動的廠商，不乏價值鏈上下游聯動關係的廠商，會展活動扮演串聯不同產業的聯動角色，促進產業之間的合作關係。

6. **促進經濟發展**：會展爲企業開闢一條嶄新行銷通路，銷售新產品，拓展新市場，爲產業創造龐大商機，活絡產業經濟，同時也爲促進國家經濟發展注入一股新活力。在競爭無國界的觀念下，拓展經貿扮演經濟建設的重要角色，因此會展成爲現代企業重要的策略之一，也是政府施政非常重要的一環。

7.3 會展行銷的意義與重要性

會展行銷旨在藉助參加會展活動，達到行銷公司產品、推廣研發技術，拓展國內外市場等目的。換言之，參加會展活動只是一種手段，最終目的是要行銷公司的產品、技術與商譽，提高公司競爭優勢。

參加展覽的廠商除了同業之外，還有產業價值鏈上下游相關廠商，因此會展很自然成爲提供業者交流資訊的一個重要平臺，在此平臺上參展廠商可以互相觀摩，交流資訊，交換心得，達到互相學習，互相成長的目的。此外，會展也是參展廠商展示產品，展現實力，行銷產品與技術的有效方法。

如上所述，會展具有多重功能，狹義而言是在創造公司競爭優勢，廣義而言是在促進國家經濟發展，雙雙具有舉足輕重的重要性。

7.3.1 會展行銷的今昔觀

會展行銷隨著時代背景與行銷觀念之不同，不斷在演進，廠商發現展示產品的獨特特性，突顯和競爭產品的差異化，展覽產品的特殊功能與操作方法，讓顧客及潛在顧客「眼見爲證」，甚至有機會「親自操作」，可以大大提升推廣與銷售效果。於是廠商開始絞盡腦汁，紛紛鑽研各種方法，在展示與展覽產品方面下功夫。

廠商展示與展覽產品，觀念與時俱進，逐步演進，可區分爲下列幾個階段，如圖 7-3 所示，每一個階段的觀念不同，作法與重點工作也各異其趣。

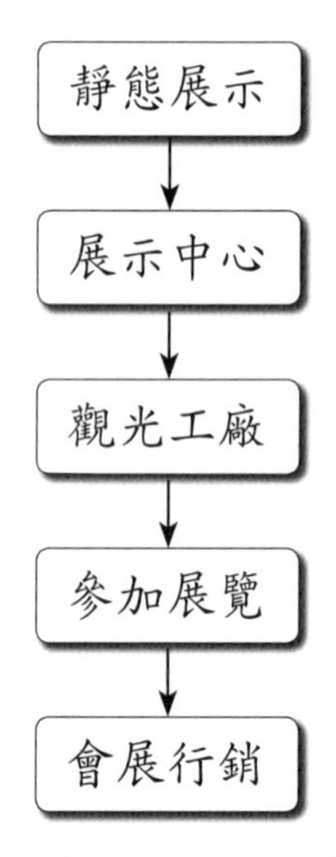

圖 7-3　會展行銷觀念的演進

1. 靜態展示

生產導向觀念時代，廠商的重點工作是在提高產量，生產足夠的產品，供應市場所需。產品導向觀念時代，廠商的核心工作從產量轉移到提供品質優良的產品。這兩個時期處在供不應求的庇蔭下，廠商無需刻意推銷，就可以順利把產品銷售出去。

銷售導向時代廠商發現，除了提供產量足夠，品質優良的產品之外，還必須再加上積極推銷，才能夠加速產品銷售，於是開始萌生產品展示的構想，開啓當今會展行銷的濫觴。

早期的產品展示，以靜態展示爲主，構想單純，做法簡單，設備簡陋，規模狹小，在工作場所附近規劃一個可以展示產品的櫥窗，單純展示產品實體，一方面展現廠商的技術與生產實力，增強員工的信心與榮譽，一方面方便顧客及潛在顧客參觀時，做爲解說的道具。

2.展示中心

廠商發現靜態展示產品效果良好，銷售上有些許斬獲，於是紛紛擴大展示規模，選擇在交通方便的商業繁榮地區，成立專業展示中心或展售中心，中心布置得美輪美奐，燈光明亮，除了將產品做最佳展示之外，同時還選派有美麗大方，訓練有素的展示小姐，專責接待及介紹、推銷產品等工作。

展示中心啓動「動態展示」功能，直接和潛在顧客及準顧客互動，瞭解顧客的需求與期望，將會展行銷往前推進一大步。許多產業都設置有產品展示中心，例如：汽車廠商的展售中心，家電廠商的家電產品展示中心，電腦設備廠商的展售中心，建設公司的樣品屋展示及接待中心，將展示與展售功能發揮得淋漓盡致。

3.觀光工廠

有些大規模、多工廠的公司，爲了展現經營實力，提高知名度，擴大創造銷售績效，將其中一個工廠規劃爲觀光工廠，歡迎顧客或一般團體前來參觀，透過影片或由專人介紹公司創業經過、規模與歷史沿革、產品種類與特色、生產設備與製造過程。有些公司的觀光工廠還設置有實作體驗教學（DIY）專區，專人指導實作體驗方法，讓前來參觀的來賓試做公司產品，達到寓教於樂的目的。觀光工廠通常都設有販賣部，來賓可以順便選購公司產品，達到銷售的目的。

南僑公司、義美公司、宜蘭很多蜜餞公司，號稱亞洲最高級機器人觀光工廠的祥儀機器人夢工廠，琉璃觀光創意工廠，生產床組的公司，如床的世界、老 K 彈簧床，都設有觀光工廠，將會展行銷又往前推進一大步。

4. 參加展覽

以上三種展示模式都侷限於狹小的範圍，展示產品雖然發揮很大效用，但是到底還是小規模、區域性的展示活動。於是有些產業的協會、公會發起聯合舉辦展覽會的構想，加上政府的支持與鼓勵，開始籌備舉辦大規模展覽活動，邀請會員廠商及相關產業廠商展覽產品，共襄盛舉，擴大宣傳及銷售效果。舉辦展覽是政府施政很重要的一環，中央及地方政府舉辦各種各樣的展覽會，協助廠商拓展銷售，開闢商機。

展覽可區分為國內展覽與國外展覽，國內展覽是指在國內舉辦的展覽會，例如：外貿協會在國內許多展覽館舉辦的展覽會；國外展覽是指到國外參加國際性展覽會，例如：到日本、韓國、美國、加拿大、德國、法國，參加國際性展覽會，把我國產品介紹及推銷給國外客戶。

廠商參加展覽會，除了展出產品之外，也會展出生產過程實況，讓顧客及潛在顧客更瞭解公司的技術水準及產品特色。展覽會場布置得美輪美奐，五光十色的燈光，加上多媒體的影音效果，以及現場簡報、演示、解說、實作，整個展覽會場顯得生氣勃勃，充滿商業機會。

5. 會展行銷

會展行銷是指廠商參加國內外展覽會時，除了展出產品，演示製程與技術之外，公司選派最優秀的行銷主管，就近和前來參觀的潛在顧客及準顧客買主舉行雙向會談，瞭解買方的需求與問題，推銷公司的產品與技術、設備，幫助買主解決問題，不但直接接觸到準顧客，甚至還直接取得訂單。

近年來會展活動最大的特色，就是在展覽會場進行實際行銷工作，爲「會展行銷」做了最佳詮釋。參展廠商的行銷主管和前來參觀的買主，聚集在會展會場的接待室，交頭接耳，大談生意，形成一幅最美麗的畫面。參展的廠商在短短幾天的展覽活動中，獲得「展覽」與「行銷」雙重效果，前來參觀的買主找到可以幫助解決問題的最佳方案。

會展活動由單純的靜態展示，一直演進到當今最盛行的會展行銷，每一個階段的時代背景不同，廠商的參展心態也各異其趣，由消極展出到積極參展，由單純展出產品到力行會展行銷，一直到取得訂單，足見會展活動的重要性與貢獻。

7.3.2 會展行銷決策

會展行銷決策是在討論參加會展的相關決策因素，應用 7W3H 原理釐清下列各項問題，如圖 7-4 所示，可以使得會展行銷不致迷失方向。

1. **爲何參展**：參展的動機是什麼，重點是要展示產品與技術研發成果，或是開闢新通路，拓展新市場。動機不同，選擇參加的會展也各不相同。

2. **參展目標**：參展要達到什麼目標，有形的目標是什麼，無形的目標又是什麼。廠商必須要胸有成竹，而且要有具體目標，不是爲了參展而參展。

3. **選擇會展**：會展有多種類型，有專業展覽、同業展覽、消費者展覽，有國內展覽、國外展覽。選擇所要參加的會展，以便進行後續籌備工作。

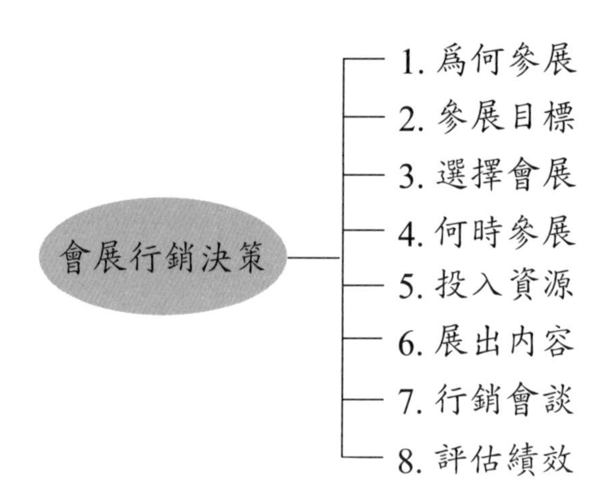

圖 7-4　會展行銷決策

4. **何時參展**：根據產品特色與研發成果，愼選參展時機。參加近期內舉辦的會展，或是準備參加未來（明年、後年）舉辦的展覽，這和公司籌備時間及投入資源有密切關係。

5. **投入資源**：參加一場展覽，雖然只有短短幾天的展出期間，但是需要投入的資源非常可觀，企劃人員必須鉅細靡遺的編列預算，做爲評估績效的基礎。

6. **展出內容**：這就是牽涉到如何展出的策略性課題，養兵千日，用之一時，會展期間要展出什麼，如何展出，這些都是非常關鍵的問題，必須要有一份詳細的展覽企劃書。

7. **行銷會談**：會展是參展廠商和潛在顧客或準顧客洽談生意的絕佳時機，公司行銷人員扮演銷售工程師角色，有備而來，胸有成竹，活用推銷技巧與要領，不放過任何可以爭取行銷績效的機會。

8. **評估績效**：會展期間，每天都要務實檢討工作情形與成果，改善缺失，精益求精。展覽結束必須要做一次總檢討，有無達成當初所設定的目標，哪些工作需要再加強，建立知識管理系統，做爲未來參展的參考。

7.4 會展事件行銷原理

會展事件行銷原理，可參考本書第一章所討論的 10 大原理，本章聚焦於會展事件行銷組合，以及影響會展成效的關鍵因素。

會展事件行銷組合，引用行銷組合策略 4 項要素，簡述如下：

1. **產品策略**（Product）：從策展產業的立場言，其產品就是「展覽」、「會展」活動，規劃會展特色，排定檔期，訂定參展辦法、手冊或注意事項，「產品」具有吸引力才能引起參展廠商的興趣，進而積極前來參加會展。從參展廠商的觀點言，產品就是各參展廠商的「產品」，展出的產品通常都是技術創新的「非凡成果」，公司研發工作的偉大突破，對產業具有特殊意義，對提升產業競爭力具有卓越貢獻，展出這樣的產品對會展事件行銷才有正面的貢獻。

2. **定價策略**（Price）：參展廠商參加會展必須投入的龐大費用，通常都沒有向一般參觀者收取費用。至於策展單位向參展廠商收取的各項費用，必須明訂合理的標準，例如：出租攤位的收費辦法與標準，提供服務項目及收費標準，統一舉辦研討會及演講會的收費辦法，參觀門票的定價，提供攤位裝潢施作服務的收費標準，統一提供廣告服務的收費辦法。

3. **通路**（Place）：策展單位的銷售通路是指將攤位租賃出去的通路，以及吸引一般消費者前來參觀會展活動的通路。攤位租賃推廣通路，包括 (1) 自組推廣團隊，直接推廣；(2) 透過代理商推廣攤位；(3) 向協會、公會等團體推廣的專業通路；(4) 透過各種媒體的宣傳，邀請一般參觀者、工商團體、學校組團參觀（註 5）。

4. **推廣策略**（Promotion）：應用整合行銷傳播原理，縝密結合廣告、人員推銷、公共關係、促銷、媒體傳播、直效行銷等原理，把會展活動當做會展事件行銷專案，拉高層級，炒作新聞，創造話題，全面出擊，有效達到全面推廣目的。

7.5 會展事件行銷企劃要領

對參展廠商而言，參展是何等重要的事件行銷，需要從長計議，充分準備，通常都會成立專案委員會或工作小組，指派高階層主管綜理參展業務，整合各部門資源與意見，規劃會展事件行銷策略，研擬參展及活動計畫書，督導整個會展事件行銷的執行，以及評估會展事件行銷的績效。

會展事件行銷是一項綜合性的工作，牽涉的範圍及部門相當廣泛，準備期間冗長，而且千頭萬緒，展覽時間很短，通常都只有 3 到 5 天，名符其實的「養兵千日，用之一時」，可見企劃工作占有舉足輕重的重要性。會展事件行銷企劃要領整理如下。

1. 及早準備，超前部署

公司想要參加的會展活動，都有一定檔期，有些是每年定期舉辦，例如：東京國際食品展，每年 3 月上旬舉行；有些不一定每年舉行，主辦單位很早就會發出公告，邀請廠商參加。公司選定參展檔期，包括時間與地點，必須及早準備，超前部署，抱定「只許成功，不許失敗」的決心，積極展開籌備工作。

2. 計畫周全，務實可行

籌備工作必須從千頭萬緒中理出頭緒，在專案委員會或工作小組主導下，定期集會，集思廣益，從先期的策略規劃作業開始，逐一釐清各個環節，一直到擬定一份周詳、務實可行的會展事件行銷計畫書，明確指出活動目的與具體目標，編定預算，做爲後續作業與行動的依據。

3. 目標明確，知所當爲

會展事件行銷和其他事件行銷一樣，需要很多人共同努力，發揮衆志成城的效果。因此必須要有明確而具體的目標，輔之以具體行動指標，讓參與活動的每位同仁都知所當爲，進而「知其然，亦知其所以然」，充分瞭解何時、何處、該做些什麼，以及做到什麼程度。

4. 整合資源，彈無虛發

會展事件行銷牽涉到很多部門，包括生產、行銷、研發、財務、資訊、運輸、後勤、人力資源，必須整合相關部門的資源，朝向同一目標，做到彈無虛發的境界。事件行銷本身也相當競爭，行銷過程中一旦出現脫序現象，浪費資源，或是資源用錯地方，很快就和「成功展出」絕緣。

5. 訓練有素，分工合作

會展包括「會談、會議」與「展覽、展示」，這兩項都屬於高難度的工作，要在短短幾天的展覽期間中，成功的和潛在顧客或準顧客接觸、會談，趁機爭取訂單，絕對不是數人頭的普通差事。因此必須要選派學有專精，訓練有素，負責盡職的菁英同仁上場，分工合作，整合力量，才能圓滿達成任務。

6. 勘查現場，選對攤位

會展場所是由舉辦單位所設置，出租給參展廠商展出產品的場所，通常都規劃爲不同大小坪數與規格的攤位。展覽最重要的是攤位地點，第二是地點，第三還是地點，也就是說攤位的位置攸關展出的成敗，有意參展廠商必須及早親自勘查現場的地理位置與周圍環境，選擇最適當的攤位。

7.臨場應變，爭取績效

展出產品只是會展的目的之一，更重要的是行銷人員必須發揮臨場應變的能力，眼觀四方，耳聽八方，精準的鎖定潛在顧客與準顧客，瞭解他們所遭遇到的問題，然後活用各種推銷技巧及演示技術，把公司產品推銷給他們，幫助他們解決所遭遇到的問題，同時也爲公司爭取展覽的銷售績效。

8.嚴守規範，圓滿展出

會展主辦單位都訂有廠商參展辦法、規則、手冊、注意事項，鉅細靡遺的規定參展廠商必遵守的相關細節，包括進場裝潢及撤展時間，參展廠商必須詳細閱讀、研究、配合。展覽期間很短，一個檔次接一個檔次，可供裝潢施作時間非常有限，通常都日夜施工，把握時間，圓滿展出，準時撤展，完成任務。

9.建立關係，找對夥伴

參加會展需要有很多專業的協力廠商配合，執行展前裝潢及展後撤展等作業。參展廠商必須事前做好完整的規劃與設計，然後把裝潢施作工作外包給專業協力廠商。找對合作夥伴，並且和協力廠商保持良好的關係，取得他們的合作與支持，才能在最短時間內完成裝潢作業，展覽結束後，完成撤展作業。

10.前事不忘，後事之師

會展時間雖然短暫，卻是提供給廠商練兵的大好機會，展覽期間每天都要檢討工作進展情形與績效，留下具體資料及記錄，建立知識管理制度，一方面做爲未來參加會展的參考，另一方面做爲公司內部教育訓練的活教材，一方面瞭解競爭廠商或其他廠商的優異表現，一舉數得。

7.6 會展事件行銷案例

先進企業都把單純的展覽活動拉高層次，操作成公司重大事件，以展覽的名義，遂行事件行銷之實。作者曾經多次奉派到日本東京晴海、幕張、臺場，參觀國際食品展覽會，也曾到美國芝加哥參觀食品包裝展覽會。這些都是每年定期舉辦的國際級大型展覽會，來自全球各地的知名廠商展出高水準產品。展覽期間來自全球的參觀人士、廠商、顧客、準顧客、潛在顧客、買主，冠蓋雲集，整個會場人潮絡繹不絕。參展廠商使出渾身解數，除了做最精彩的展出之外，接待買主、洽談生意，在忙得不亦樂乎的氣氛中，創造極其輝煌的業績。

最近一次在日本東京台場參觀藥品飲料展覽會，印象最深刻的是一家自動倉儲設備廠商，展出非常先進的自動倉儲技術與設備。作者在企業服務時，曾經向這家公司採購三座自動化倉儲，在展覽會場巧遇該公司展出最新技術與最精良設備，刻意仔細參觀、觀察、聆聽解說展出內容，收穫豐碩。

會展事件行銷短短幾天的展覽，基本任務除了展覽產品的之外，還有許多重要的工作，工作內容相當多元。作者在東京參觀藥品飲料展覽所見，會展事件行銷至少包括下列幾項工作，如圖 7-5 所示。

1. **攤位設計**：爲了展出設備與技術，需要有寬廣的攤位空間，整個展覽攤位挑高設計，布置得美輪美奐，色彩鮮明，突顯自動倉儲的意象，配合明亮的照明設備，整體觀感非常搶眼，非常具有展覽效果。

2. **產品展示**：現場展出最先進的自動化倉儲「實體產品」，採用動態性展出，也就是現場演示自動化倉儲設備操作及使用實況，將設備操作和產品結合爲一，配合技術人員的專業解說操作原理與特色，讓參觀的來賓更容易瞭解。

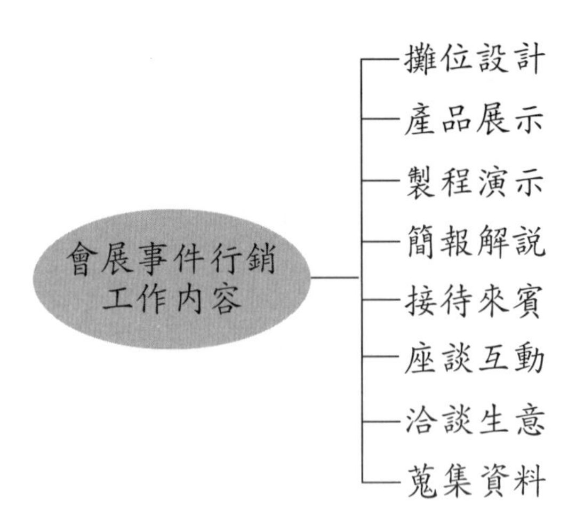

圖 7-5　會展事件行銷的工作內容

3. **製程演示**：自動化倉儲部分關鍵技術的特殊演示，讓參觀的來賓親眼目睹其競爭優勢，突顯和競爭產品的差異化。更重要的是在現場和來賓討論，一邊觀看操作實況，一邊解說設計原理及其特色與優點，給來賓留下深刻印象。

4. **簡報解說**：展覽期間每天安排幾場高水準的簡報解說，儀態大方、穿著端莊、笑容可掬的女性解說員在臺上做簡報，銀幕上清楚呈現簡報資料要點，擴音器聲音清晰宏亮，整個簡報過程與畫面配合得天衣無縫。

5. **接待來賓**：展覽會場安排有多位技術人員及銷售工程師，負責接待來賓，提供專業解說，瞭解來賓的問題，試圖幫助解答這些問題，這種提供專業協助的服務精神，令參觀的來賓感動不已。

6. **座談互動**：展覽現場設置有十幾個座位的開放式小教室，供來賓坐下來聆聽及觀看簡報，非簡報時間則做爲和來賓座談的場所，座談互動，介紹產品，聆聽來賓的意見，突顯整個展覽會不是在唱獨腳戲。展覽會場安排有產業論壇、專題演講、技術交流、學術研討等活動，發表演講與技術交流，非常受歡迎。

7. **洽談生意**：展覽會的重要目的之一，都希望藉著展覽爭取到訂單，於是接待來自全球各國的參訪來賓，洽談生意成爲展覽的重頭戲。銷售工程師們忙著遞送產品目錄，出示相關資料，緊緊掌握會展的銷售機會。

8. **蒐集資料**：會展行銷是參展廠商接觸潛在顧客或準顧客的絕佳機會，參觀來賓索取資料時，廠商都會請來賓惠賜名片或其他聯絡資料，方便後續聯繫。廠商參加一次會展活動，通常都可一蒐集到很多潛在顧客或準顧客的資料，這些資料都是豐富公司顧客資料庫的重要來源。

7.7 會展事件行銷的績效評估

績效（Performance）是指會展事件行銷執行的成果，評估（Evaluation）是指評量事件行銷所獲得的效率與效能，並且以特定標準（例如：目標標準）來進行其價値判斷（註 6，註 7）。

從管理學的角度言，績效評估建立在 PDCA 循環原理上，也就是應用計畫（Plan）、執行（Do）、查核（Check）、採取必要糾正行動（Action）的不斷循環，評估會展事件行銷的績效，如圖 7-6 所示（註 8）。

PDCA 是一個循環不斷的動態過程，本著精益求精，持續改善的精神，逐步邁向「零缺點」的境界。會展事件行銷不只是辦一次就告結束的活動，而是會持續參展，甚至每年都會參展的一種活動。前事不忘，後事之師，務實評估績效，可做爲未來參展的重要指引。

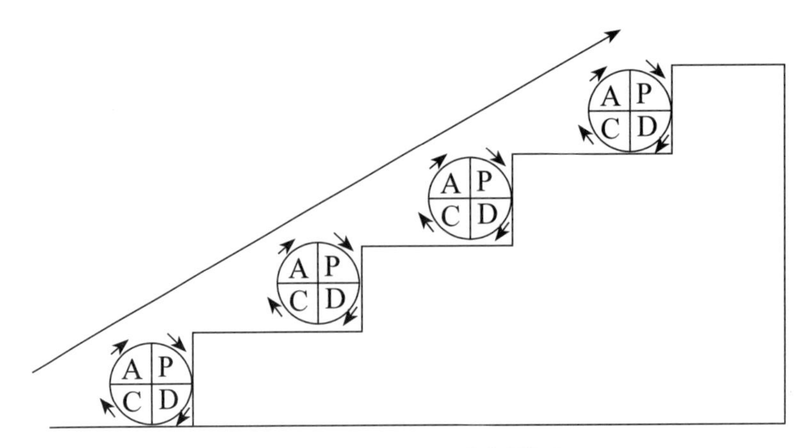

圖 7-6　PDCA 循環圖

資料來源：林隆儀著，促銷管理精論：行銷關鍵的最後一哩路，頁 339。

績效評估要評估些什麼項目，以及如何評估，這是一個非常嚴肅而關鍵的問題，也是一般行銷人員常感到困惑的課題。其實只要回頭檢視當初擬定參展計畫中，所設定有關會展的目標，即可一目瞭然，只要核對實際達成成果和期望達成的目標，兩者互相比較，績效優劣立刻顯示。

績效評估結果通常有三種情況，第一是剛好達成目標，表示執行結果和當初預估相當接近，成效可以接受，通常無須採取改善行動。第二是未達目標，沒有達成目標當然要追查眞正的原因，尤其是差距很大時，更需要認眞追查原因，誠實檢討，掌握契機，徹底改進，善莫大焉。第三是超越目標，爲何超越目標也是檢討的重點，到底是會展過程中表現特別突出，締造輝煌成果，或是當初設定的目標偏低，以致輕鬆的超越目標，這些都需要一一列入檢討，如此才能做到百尺竿頭，更進一步的境界。

和其他領域的績效評估一樣，會展事件行銷所創造的績效，可以區分爲兩種類型：有形績效和無形績效。有形績效是指可以用具體數據衡量或表示的績效，例如：若是參展廠商，則可評估前來參觀的潛在顧客與準顧客人數，舉行座談會、演講會場次及參加人數，取得訂單件數及金額，蒐集到顧客資料及名單數量。若是主辦會展活動的策展業者，可以評估參加展出的廠商家數，門票收入總金額，投入籌辦會展事件行銷的總金額，整個會展帶動的人潮人數，以及其他經濟效益。

無形績效是指無法用具體數據衡量或表示的績效。若是參展廠商，可以檢討會展事件行銷對提升公司知名度的貢獻，參觀來賓對公司參展活動的整體評價，參觀來賓對公司參展服務的滿意程度。如果是主辦會展事件行銷的策展業者，可以檢討會展活的的知名度與吸引力，會展活動對提升該產業競爭力的貢獻，以及會展活動對國家經濟發展的貢獻。

7.8 本章摘要

會展是現代商業活動中非常重要而普遍的一環，展覽中心、展覽館，不斷興建，規模愈建愈龐大，設備愈來愈齊全，目的是要爲會展產業和參展廠商提供一個創造生意的平臺，增進對雙方業者生意直接交流的機會，促進國家經濟發展。

本章從實務應用角度探討會展事件行銷相關議題，主要聚焦於參加展覽的廠商，從展覽、會展到會展事件行銷，包括會展事件行銷的意義及其重要性，會展事件行銷決策因素，會展事件行銷原理及企劃要領，會展事件行銷案例，以及會展事件行銷的績效評估等重要課題，讓讀者瞭解會展事件行銷的應用。

會展事件行銷的範圍非常廣泛，不同產業有不同的要訣，即使是相同產業，不同產品也有不同的展覽要領，本章從應用角度出發，探討一般會展事件行銷的要領，希望拋磚引玉，達到共鳴效果。

參考文獻

1. 李淑茹著，2017，國際商展完全手冊，第二版，書泉出版社，頁4。
2. 經濟部國貿局，「辦理推廣貿易業務補助辦法」，第三條、二，106年10月6日修正發布。
3. 同註2，第三條、一。
4. 姚晤毅編著，2017，展覽行銷與管理實務，第四版，鼎茂圖書出版股份有限公司，頁3。
5. 同註4，頁77。
6. 陳澤義、陳啓斌著，2006，企業診斷與績效評估：平衡計分卡之運用，華泰文化事業股份有限公司，頁150。
7. 林隆儀著，2015，促銷管理精論：行銷關鍵的最後一哩路，五南圖書出版股份有限公司，頁338。
8. 同註7，頁339。

會展事件行銷兼具多重功能

多元社會凡事講究多元化，「全方位思考」成為企業贏得競爭的重要策略，誠如日本電通「鬼才十則」所言，腦筋全迴轉才不會被競爭者有隙可乘。早期的「商展」以靜態方式展出公司的產品，現代「會展」重視多重功能的動態性活動，利用多媒體生動活潑的影音效果，展現公司研發成果，介紹新技術，推介新產品，讓前來參觀的來賓及消費者親自體驗，和消費者互動，傾聽消費者的意見，以及為企業及品牌造勢。

會展行銷是事件行銷的一個支流，狹義而言是廠商在展覽會上展出新技術、新產品與新服務，廣義而言是指廠商利用事件行銷手法，除了展出新技術、新產品與新服務，為產品、品牌與企業造勢之外，也提供廠商和消費者進行商務與交易會談的場合。大規模展覽會會場通常都由政府提供，長年性舉辦各檔期的短期展覽活動，供廠商展出研發成果，招攬生意，促成交易。例如：我國的世貿展覽館、南港展覽館、高雄展覽館，日本的晴海、幕張、台場展覽館，中國大陸在各大城市設立的展覽交易會（例如：廣州交易會）。

生產導向時代，顧客上門購買居多，廠商無須刻意推廣產品，企業經營顯得相對單純。今天企業面臨的是激烈競爭時代，光靠產品精良，價格合理，廣布通路，刊播廣告，舉辦促銷，已經無法竟全功，還需要輔之以事件行銷中的會展行銷活動，進一步和顧客及消費者接觸與互動，在展覽會場舉辦產業論壇、專題演講會、技術交流、學術研討會，提高公司、品牌與產品的能見度，更重要的是和顧客進行商務與交易會談，爭取訂單。

近年來會展事件行銷廣受廠商及顧客重視，尤其是國際性及大規模展覽會，更受矚目。展覽會是廠商展現實力，爭取訂單的大好機會，參展廠商都會卯足勁，使盡全力，就是要做最完美的展出，無論是新技術、新產品、新服務，展現公司的競爭優勢，頗有「養兵千日，用之一時」的態勢。展覽會也是顧客及消費者獲取新知，提升技術水準的最佳管道，來自全國或全球各地遠道而來的參觀廠商或專業人士，趨之若鶩，絡繹不決，懷抱著前來取經與挖寶的心情，來一趟參觀、學習之旅，可以收到「他山之石，可以攻錯」的啓發效果，大開眼界，學習新知，突破瓶頸，為公司注入新思維，激發新活力。

會展事件行銷也很競爭，雖然參觀人潮湧現，川流不息，參展廠商要吸引參觀人潮的注意力，願意停下腳步進來參觀，進行交流，仍然需要用點心思，努力做好功課，才不致白費展覽的美意。硬體設施方面將展覽攤位布置得美輪美奐，利用多媒體影音設備，配合動感燈光，展現吸睛效果。展示小姐在現場載歌載舞，營造熱鬧氣氛；主持人發揮主持功力，圍繞著展出主題，和前來參觀的廠商與專業人士進行雙向互動，這些都只是現代企業參展的基本功，重點還在後頭。

簡報技巧在展覽會上扮演關鍵角色，許多廠商製作精美簡報影片，在展覽會上循環播放，給人有一種千篇一律的感覺，缺乏臨場感與親切感，展覽效果被大打折扣。日本一家頂尖自動化倉儲設備公司的作法值得參考，除了製作及播放精緻簡報影片之外，搭配服裝整齊、美麗大方的美女簡報人員，同步進行簡報，畫面清新，生動活潑，吸睛效果一流，給人留下深刻而良好印象；專業技術人員穿梭在展覽會場，熱情、積極的和前來參觀貴賓進行深度的雙向溝通，推介公司產品（設備），進行商務會談，促成交易，這才是參展最終的目的。

會展不只是單純的展覽而已，會展行銷具有「展覽」與「行銷」功能，前者旨在展現公司的研發實力，展示研發成果，後者更要積極推介產品與服務，提升公司、品牌與產品的知名度。精明的廠商都會掌握會展的機會，審慎規劃，做最完美的展出，並且進行商務會談，趁機促成交易，達到會展行銷的真正目的。

研討問題

1. 會展事件行銷可區分為會展產業與參展廠商，請從多重角度比較及討論這兩種產業廠商參與會展事件行銷的異同。
2. 會展事件行銷的基本原理引用一般行銷原理，除了本章討論的四項行銷組合要素之外，請參考本書第一章所討論的會展行銷原理的進階應用。
3. 會展事件行銷旨在利用「展覽」之便，達到「推銷」之實。假設你是豐田汽車製造廠商的行銷長，派駐在世貿展覽館會場服務，請問你要採用什麼推銷方法，向前來參觀的潛在顧客及準顧客推銷今年新出場的最新型汽車。

第 8 章

慶典活動與事件行銷

8.1　前　言

8.2　慶典的意義與功能

8.3　影響慶典事件行銷的基本因素

8.4　慶典事件行銷的流程

8.5　祭孔大典慶典活動

8.6　媽祖遶境慶典活動

8.7　慶典事件行銷的評估

8.8　本章摘要

參考文獻

個案研究：事件行銷融入民間習俗

研討問題

附錄：臺北市孔廟管理委員會—祭孔典禮的程序與用意

8.1 前 言

慶典是人類日常生活中，非常重要的一部分，無論是個人或政府、組織、機構、企業、團體，經常都在舉辦慶典活動，有些是爲了緬懷古聖先賢的大無畏精神，例如：每年 3 月 29 日的青年節慶祝活動，9 月 28 日的孔子誕辰紀念活動。有些是要紀念特別的日子，例如國慶大典、總統就職大典、畢業典禮、公司創業紀念日、榮獲認證、獲頒殊榮。有些是在紀念結婚週年，例如：鑽石婚（60 週年）、金婚（50 週年）、紅寶石婚（40 週年）、珍珠婚（30 週年）、銀婚（25 週年）。慶典活動之多，俯拾皆是，不勝枚舉。

慶典之所以受到人們的重視，除了具有特別值得紀念的意義與價值之外，更重要的是藉此機會進行社交、聯誼、交心、敘舊、傾訴等功能。事件行銷人員或專業機構，在企劃慶典活動事件行銷時，熟諳慶典事件行銷的意義，影響慶典活動的因素，以及大型慶典活動案例，績效評估方法，可以廣收事半功倍之效，順利達成目標。

8.2 慶典的意義與功能

8.2.1 慶典的意義

根據國語辭典的解釋，慶典是指慶祝場合的一種典禮儀式。慶祝場合規模大小不一，從主辦單位觀點言，大規模者有聯合國、國際性、洲際性、全國性慶典活動，中等規模者有產業性、企業性、公司性慶典活動，小規模者有一般家庭、個人的慶祝活動。從活動性質的立場言，慶祝場合有政治性、科技性、學術性、藝術性、運動性、娛樂性慶典活動。

慶典的典禮儀式更是五花八門，應有盡有，有傳統儀式，有現代儀式，有綜合儀式，有獨特儀式，有創新儀式，不勝枚舉。例如：每年 9 月 28 日教師節的祭孔大典，採用傳統祭孔典禮儀式，政府首長擔任正獻官，隆重典禮，行禮如儀，還安排有跳八佾舞，表示對至聖先師孔子的最高敬意。各公司辦理週年慶的典禮儀式與規模，各不相同，有每隔十年大規模舉辦一次，隆重典禮者，有每年舉辦，例行慶典儀式者。

許多慶典事件行銷不是和娛樂相結合，就是安排有餘興節目，使行禮如儀的制式活動，注入或穿插娛樂活動，製造歡樂氣氛，提高活動參與率。例如：國慶大典後，安排有雄壯威武的閱兵儀式，以及一系列民俗表演活動，增添歡樂氣氛。公司週年慶紀念活動結束後，安排有多采多姿的園遊會，邀請員工家屬參加，共襄盛舉。

8.2.2 慶典的功能

慶典除了是一種重要活動之外，還具有許多功能，人們因爲這些功能而聚集在一起，凝聚共識，分享經驗，享受生活的樂趣，共享認同感與歸屬感。英國蘇格蘭愛丁堡 Queen Margaret 大學教授 Chris A. Preston 指出，慶典具有下列功能（註 1），如圖 8-1 所示。

1. **社交功能**：慶典活動由來已久，人們參與慶典活動，不只是單純的參與，藉此機會進行各種社交活動，互相聯誼，傾訴心聲，增加生活樂趣。

2. **參與者期盼**：慶典通常都布置得豪華、壯觀、美麗，活動辦得熱鬧、有趣，富有強烈吸引力，讓有意參與者會有一種引頸企盼的期待心理。

3. **激發歸屬感**：慶典活動的另一項功能，旨在激發參與者對活動

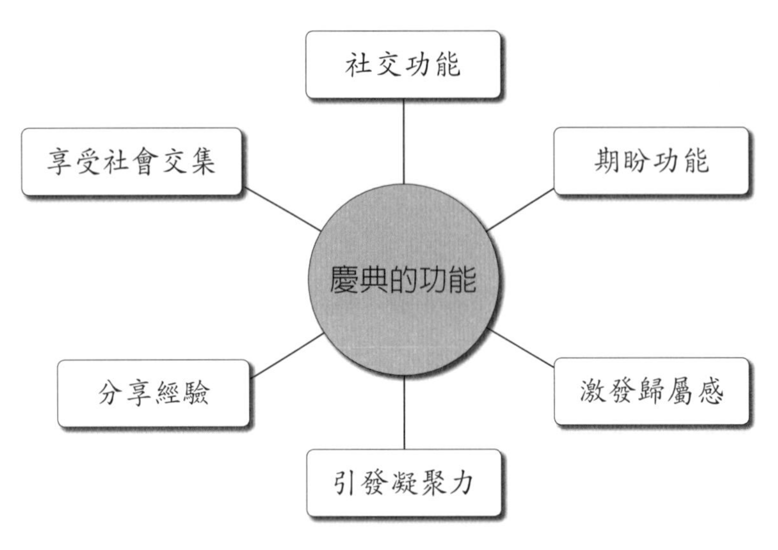

圖 8-1　慶典的功能

主題的認同感，促成共識，讓參與者有賓至如歸的歸屬感，因而熱烈響應與參與。

4. **引發凝聚力：**慶典活動和民眾的生活與興趣緊密結合，可以引發人與人之間一股強烈的凝聚力，激發共襄盛舉，熱情參與活動的動機。

5. **分享經驗：**參與慶典活動的人們，利用相聚的機會，抒發心情，交換意見，分享生活經驗，達到交流的目的。

6. **享受社會交集：**人們都有群聚的習性，喜歡享受社交生活，慶典可以突破人際分界，交換有交集的生活樂趣，擴大生活圈，輕鬆享受更多樂趣。

媽祖遶境進香活動，爲臺灣最具規模的民俗節慶事件行銷，其中以大甲鎮瀾宮媽祖遶境活動規模最大，最受矚目，九天八夜的遶境活動，信眾沿途膜拜，各階層人士自動參與，冠蓋雲集，爲沿途產業供應鏈帶來 30 億以上的龐大商機。媽祖進香遶境事件行銷具有下列 6 種社會功能（註 2），如圖 8-2 所示。

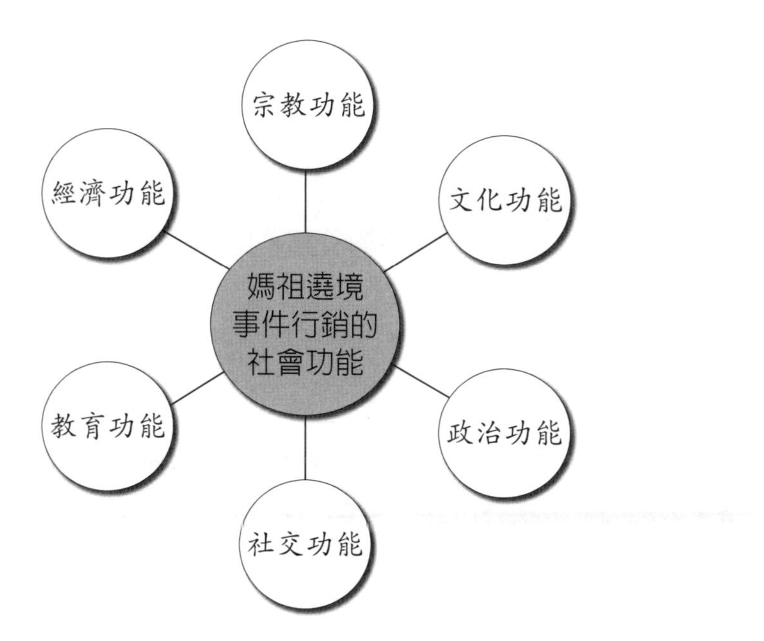

圖 8-2　媽祖遶境的社會功能

1. **宗教功能**：藉著各種禁忌習俗和神聖的規範，產生淨化心靈和除穢作用，使社會人身心靈得到昇華。

2. **文化功能**：民間信仰節慶活動是臺灣民俗藝術孕育的溫床，展現臺灣本土文化豐富而多彩多姿的內涵，對臺灣文化具有不可磨滅的貢獻。

3. **政治功能**：信眾香客自動自發，熱烈參與，不乏政治人物參與盛會，競相爭取認同，樹立形象，成爲政治人物爭取曝光的重要機會。

4. **社交功能**：參加進香的遊客們，左鄰右舍，呼朋引伴，偕同參加，共襄盛舉，成爲既神聖又充滿觀光、遊樂的一種社交活動。

5. **教育功能**：充滿學習和教育訓練功能，這項鄉土性、草根性十足的進香活動，就是典型的社會教育功能。

6. **經濟功能**：活動投入的經濟資源龐大，同時也帶來龐大商機，所反應出來的經濟功能顯而易見。

8.3 影響慶典事件行銷的基本因素

慶典活動牽涉到很多層面，因此行銷人員在企劃舉辦一場慶典事件行銷前，需要考慮很多因素，這些因素包括外部因素與內部因素。外部因素是指公司無法主導或控制的因素，例如：地點、天氣、競爭，內部因素是指公司可以主導及決定的因素，例如：投入成本、邀請貴賓、餘興節目。

慶典事件行銷需要超前部署，及早規劃，很早就要啓動企劃作業，公司可以控制的因素需要及早準備，公司無法主導的因素更必須提前部署。除了本書第二章所討論的 7W4H5P 原則之外，舉辦一場慶典事件行銷，必須考慮的因素包括下列各項（註 3），如圖 8-3 所示。

1. 地點

首先要考慮的是舉辦活動的地點或場地，室內或室外，若在室外舉辦，還需要考慮天氣因素。地點或場地的地理位置，容易找到，方便參與，交通及停車便利性，不但會影響活動參與率，同時也是決定慶典事件行銷成功的關鍵因素。若是在公司自有地點或場地舉辦，或許比較容易協調及安排，但是也必須及早協調，盡早規劃；地點或場地若是需要向外租借，更需要提前展開搜尋，積極接洽與評估，做成決定並簽約及預付定金，以利規劃後續作業。

地點或場地的規劃要領有二，一是超前部署，及早規劃；二是替代方案，萬無一失。良好地點或場地常常是一地難求，而且競爭相當

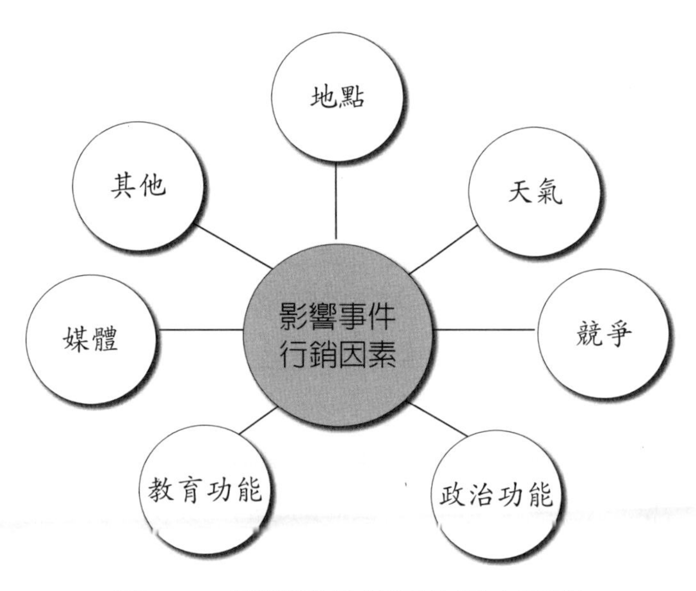

圖 8-3　影響事件行銷的基本因素

激烈，時間稍微有所延誤，動作略有些許遲緩，馬上就被競爭者捷足先登，唯有超前部署，及早規劃，才不致落空。大型場館、公共空間、知名大飯店、學校禮堂、運動場館，都是非常理想的地點，但是場地到底還是有限，租借者衆，出租者有限，一旦稍有遲疑，就得吃閉門羹。

政府單位在政府所擁有的場館舉辦事件行銷，或許比較容易，若需要租用民間單位的場地，也需要及早接洽，以免向隅。學校舉辦畢業典禮，通常都在自己的禮堂舉辦，典禮地點比較容易掌握。結婚典禮儀式是籌辦婚禮最重要的項目，熱門的婚禮舉辦地點非常搶手，半年前，甚至一年前就要預訂。全球性知名企業，每年都會選擇在風光明媚，意義深遠的國際城市舉辦傑出幹部表揚大會，很早就要規劃及預訂知名國際城市的表揚會館。

第二項要領是要有替代方案，以防萬一，尤其是租用他人場地，常會遇到意想不到的變化或意外狀況，如果規劃在室外舉辦，必須考慮若遇到下雨天的替代方案。規劃若有替代方案，可以避免開天窗的窘境。

2. 天氣

影響慶典事件行銷第二個因素是天氣，若是規劃在室外舉辦，颳風下雨都會使典禮無法如期舉辦，即使是在室內舉辦，也會造成前來參與來賓的不便，以致影響參與意願與參加心情。行銷人員在規劃慶典事件行銷時，必須把天氣因素納入考量，並且在規劃要領中加入應變計畫。

例如：國慶大會慶典事件行銷，都規劃在室外隆重舉行，達到歡欣鼓舞，舉國歡騰，國運昌隆，四海歸心的完美境界，若遇到天候不佳，必須要有應變計畫。有些在室外舉行的體育運動賽事，以及開幕與頒獎典禮，若受到天氣的影響，也需要有周全的應變計畫。

事件行銷人員在規劃活動時，必須密切注意氣象報告資訊，隨時掌握最新氣象資訊，滾動式調整應變計畫，適時修訂活動項目與細節，使天氣影響程度降到最低限度。

作者曾經規劃一座都心型購物中心破土典禮活動，因為是市區重大投資方案，備受各方重視，政府首長、各級長官、民意代表、地方仕紳、來往廠商代表、媒體機構代表，紛紛前來道賀。規劃過程中，每天都緊盯氣象報告中有關天氣預報資訊，得知當天會下雨，於是除了疏通現場排水系統，維持地面乾淨，搭建大型帳棚，設置觀禮舞臺，擺設座椅。此外，特地從工廠調來許多棧板，鋪在從大門口進到會場的地上，形成一條臨時通道，方便來賓進出。因為事前有考慮到天氣因素可能造成的影響，以及規劃有周全的應變計畫，雖然是在下著細雨的天氣下舉行破土典禮儀式，還是圓滿完成任務。

3. 競爭

影響慶典事件行銷第三個因素是產業競爭狀況與競爭強度。慶典事件行銷雖然是公司內部的慶典活動，但是不能抱著「閉門造車」的封閉心態，我行我素，孤芳自賞。行銷人員在規劃時，必須考慮產業關係與競爭情況，這樣才不會造成熵效應，使得事件行銷的精神蕩然無存。

競爭者分析不是為了要模仿競爭者的策略與作為，而是要從瞭解他們的策略與作為中找到更好的方法，迎合顧客的需求與期望。競爭者分析的要領，可以採用本書第二章產業動力分析中所討論，剖析現有廠商之間的競爭狀況，除了可以做到「知彼知己」之外，還可以突顯獨特性與差異化，強調活動比競爭者更優異的特點，爭取目標對象的認同，吸引他們熱烈參與，共襄盛舉。

剖析競爭者包括確認競爭者是誰，國內廠商或來自國外的企業，他們的經營績效，顧客基礎，在產業中所占的地位，產業領導者或追隨者。競爭者包括直接競爭者與間接競爭者，前者是指面對面直接和你爭奪市場的對手，後者是指在背後靜觀其變，會影響你的經營績效的潛在競爭者。

分析產業競爭強度，可以確認舉辦事件行銷的種類與規模，決定要投入多少資源，持續多長時間，涉及的範圍多廣，過與不及，均非所宜。分析競爭強度的目的是要與時俱進，做出適當因應，在經濟有效的前提下，達到超越競爭者，締造事件行銷的豐碩成果。

4. 成本

成本是一項非常重要的因素，也是規劃慶典事件行銷時必須考量的第四項關鍵因素。估計活動成本的方法並不難，各項細節活動需要支付的成本總和，就是整個事件行銷的成本。估計活動成本有幾項意義，第一、做為評估事件行銷績效的基礎，第二、分析損益平衡點座落的位置，第三、做為活動收費的準據，第四、做為分析活動吸引力的指標，第五、做為評估活動價值的依據，第六、成本（收費）也是參與者評估是否參加的一項重要因素。

有些事件行銷活動採用免費參加方式，吸引及鼓勵參與者踴躍參加，共襄盛舉，此時主辦單位不但要吸收所有成本，包括廣告與公關成本，同時還要使活動具有突出的賣點，這些成本往往所費不貲。有些事件行銷活動需要收費，只有詳細核算成本，才知道訂定什麼價格才合理。有些活動採取差別定價方式收費，精確分析成本，才能瞭解應用什麼標準收取差別價格。

一般而言，價格和成本有密切關係，投入成本高，可能需要收取高價格。價格也和活動品質息息相關，事件行銷要收取高價格，必須要提供高品質的活動，才會受到青睞。事件行銷若採取收費方式，參與者所期望的不只是值回票價，而是物超所值，主辦單位在企劃活動時必須瞭解參與者的心理期望。

事件行銷並不是某一家廠商的專利，幾乎每天都有不同廠商在舉辦，以致活動頻繁，項目多元，有需要收費者，有免費參加者，不一而足。消費者決定參加與否，收費多寡是一項重要因素，而收費多寡和成本密切相關。

5. 娛樂

慶典事件行銷常常伴隨著娛樂活動，一方面增加慶典的趣味性與輕鬆性，緩和制式而嚴肅的慶典氣氛，一方面提供另一個賣點，增加慶典的可看性，激起及提高參與的意願。例如：國慶大典之後，安排有盛大的閱兵典禮，以及各種民俗表演，使整個慶典活動多采多姿，更有看頭。

娛樂的範圍非常廣泛，呈現方式五花八門，有外聘專業團體前來表演的餘興節目，有安排著名演藝人員前來助陣的演唱與表演橋段，有員工及眷屬擔任演出的娛樂節目，應有盡有，不勝枚舉。例如：結婚典禮結束後，宴會開始時安排有各種表演節目，增加婚禮的熱鬧、歡樂氣氛，娛樂參與婚禮的貴賓及親朋好友，一舉兩得。

事件行銷人員在安排慶典娛樂節目時，必須遵守下列原則與要領。

(1) 主從分明，前後有序，以慶典爲主，娛樂爲輔。

(2) 娛樂節目內容必須和慶典相關，相輔相成，發揮金枝玉葉的效果。

(3) 娛樂節目要有一定水準，對慶典具有加分效果。

(4) 娛樂節目趣味、風趣，達到餘興目的。

(5) 慎選娛樂節目主持人，除了表現稱職外，還要善於和參與者互動，炒熱現場氣氛。

6. 媒體

媒體扮演慶典事件行銷傳播的重要角色，慶典活動的所有訊息需要透過媒體傳達給廣大視聽衆，在增進事件行銷的刺激感與價值感方面，具有舉足輕重的影響力。行銷人員在企劃事件行銷活動時，必須充分瞭解不同媒體的特性與功能，並且和媒體保持良好關係，才能取得最佳時段或版面，爲公司事件行銷做最忠實而有利的報導。

拜科技進步之賜，新興媒體層出不窮，電子媒體、網際網路媒體，成爲後起之秀，行銷企劃人員當然需要務實掌握，並做最佳安排。新興媒體雖然廣受重視，但是電視、廣播，以及平面等傳統媒體，仍然魅力未減，企劃人員不宜喜新厭舊，必須兼顧新舊媒體的特性與功能，才能接觸到各階層的消費者。

事件行銷主辦單位爲了統一活動的傳播與報導效果，通常都會準備一份公開報導新聞稿，詳細載明活動緣由、主題、意義、特點……，提供給媒體記者們參考。每家媒體報導的觀點與觀察角度，不見得完全一致，報導的內容不見得完全相同，此時媒體關係就扮演關鍵角色。

7. 其他因素

行銷人員在企劃慶典事件行銷時，除了考量上述六大影響因素之外，還需要發揮眼觀四方，耳聽八方，嗅覺靈敏的功力，隨時掌握企劃當時可能發生的其他突發狀況，迅速研擬因應對策。例如：新冠肺炎疫情突如其來，快速蔓延全球，很多慶典活動不是停止活動，延後舉辦，限縮規模，就是改在室外空曠場所舉行，並且限制參與人數，對慶典活動造成嚴重影響，雖然無法事先預料，但是必須要有一套應變措施。

8.4 慶典事件行銷的流程

慶典場合通常都在莊嚴隆重的儀式下進行，例如：國慶大典，總統就職典禮，政府或企業首長就任新職宣示典禮，公司創業週年慶祝活動，結婚典禮，迎神祭典典禮，畢業典禮……，因爲事關重要，意義非凡，衆人矚目，必須做最完整的規劃，最完美的演出，不能有任何閃失。

事件行銷人員必須審愼企劃，並提出一份流程表或稱程序表，詳細載明慶典活動的流程與順序，讓參與人員及其他人員有所遵循。企劃慶典流程時，必須懷著審愼細心的心情，根據活動的特性與需求，審愼再審愼，斟酌再斟酌，研擬一份恰如其分的「流程表」，供典禮當時引導司儀人員行禮如儀之用。

流程表完成規劃之後，必須經過多次縝密的檢討與演練，並且邀請司儀及工作人員到慶典典禮現場，配合實際場景，預演再預演，務必要做到天衣無縫，正確無誤的境界。

流程表扮演慶典活動指針的角色，以及做為整個慶典活動的行動準則，通常都會裝訂在慶典大會手冊內，並且張貼在慶典大會會場醒目的地方，供司儀及與會人士遵守採行。

司儀是慶典活動現場的靈魂人物，整個活動是否能夠行禮如儀，按照規劃流程順利進行，司儀扮演非常關鍵角色，因此司儀人選必須慎重考量。除了考量口齒清晰，咬字清楚，聲音宏亮，服裝整齊，儀表端莊等基本要件之外，還需要具備臨場應變的素養，臨危不亂的能力，例如：遇到停電、麥克風故障、與會人士身體不舒服等突發狀況，必須迅速明快處理，不能影響慶典儀式的進行。

8.5 祭孔大典慶典活動

祭孔大典是我國重大的慶典之一，為了對被尊稱為「至聖先師，萬世師表」的孔子表示最崇高的敬意，民國 41 年，政府將孔子誕辰紀念日 9 月 28 日訂為教師節，中央及地方政府每年隆重舉行祭孔大典，由中央及地方首長主持。

根據臺北市孔廟管理委員會的文獻記載，祭祀大成至聖先師孔子的典禮，稱為釋奠禮。釋、奠都是指陳設、呈獻的意思，在祭典中陳設音樂、舞蹈，並呈獻牲、酒等祭品，對孔子表示崇敬之意（註4）。

祭孔大典過程非常講究，儀式非常隆重，歷時 60 分鐘，行禮如儀，莊嚴肅穆，程序包括下列 37 個禮數（註 5）。

1. 釋奠典禮開始
2. 鼓初嚴，遍燃庭燎香燭
3. 鼓再嚴，引贊引陪祭官至丹墀旁序立

4. 鼓三嚴，引贊引各獻官至丹墀旁序立
5. 執事者各司其事
6. 糾儀官就位
7. 陪祭官就位
8. 分獻官就位
9. 正獻官就位
10. 啓扉
11. 瘞毛血
12. 迎神
13. 行三鞠躬禮
14. 進饌
15. 上香
16. 行初獻禮
17. 行初分獻禮
18. 恭讀祝文
19. 行三鞠躬禮
20. 行亞獻禮
21. 行亞分獻禮
22. 行終獻禮
23. 行終分獻禮
24. 總統上香
25. 恭讀總統祝文
26. 全體行三鞠躬禮
27. 奉祀官上香
28. 飲福受胙
29. 撤饌
30. 送神

31. 行三鞠躬禮

32. 捧祝帛詣燎所

33. 望燎

34. 復位

35. 闔扉

36. 撤班

37. 禮成

八佾舞是祭孔大典中，規格最高的祭祀儀式。佾是指行列，佾舞是一種行列整齊的舞蹈。八佾舞是由八行八列共 64 人組成的舞列，由小學生擔任。小學生身穿古制禮服，一組男生 32 人，手執盾、戚，另一組女生 32 人，手執雉翟、龠，依照舞譜表演，動作莊嚴，舉止優雅，節奏平穩，表演順暢，表示對至聖先師最崇高的敬意。臺北市孔廟祭孔大典典禮儀式程序，如本章附錄（註 6）。臺北市位居中央政府所在地，祭孔大典典禮程序有「總統上香」儀式，這是其他縣市所沒有的儀式。

8.6 媽祖遶境慶典活動

媽祖是我國民間習俗中最重要的信仰，信衆人數最多，遍及全臺，擴及各階層，每年農曆 3 月 23 日爲媽祖誕辰紀念日，家家戶戶敬備祭品，舉行慶典儀式，虔誠膜拜，祈求平安順利，俗稱「迎媽祖」、「瘋媽祖」，也是我國非常重要的宗教節慶。媽祖誕辰紀念日的慶典活動中，遶境進香是規模最盛大，最受矚目的活動。

媽祖遶境進香活動是我國宗教界最負盛名的慶典事件行銷，每年農曆 3 月 23 日媽祖誕辰紀念日前，都會隆重舉行的一項重要慶典活動。大甲鎮瀾宮媽祖遶境活動，每年元宵節當天下午六時，由鎮瀾宮董事長擲杯請示媽祖，決定當年起駕遶境時刻。九天八夜遶境行程，途經臺中、彰化、雲林、嘉義，四個縣市，21 個鄉鎮，近百座廟宇，長途跋涉 340 公里。今年（2020）受到新冠肺炎疫情的影響，延後到 6 月 11 日起駕，爲配合疫後新生活運動，限縮規模，工作人員、團隊、陣頭，神轎周邊總人數控制在 800 人以下，並且採取實名制，造名冊，戴口罩，量體溫，沿途餐點改用提供個人便當方式。整個遶境活動安排有非常經典的十大儀式及典禮，謹恭錄摘要如下（註7）。

1. 筊筶典禮：由董事長擲杯請示媽祖，卜杯決定當年起駕日期時刻。

2. 豎旗典禮：敬備香花茶果，豎起頭旗，向三界昭告遶境進香正式啓動。

3. 祈安典禮：敬備祭品、藉由誦經、讀疏文，向天上聖母稟報遶境事宜。

4. 上轎典禮：由達官貴人恭請天上聖母登上鑾轎，並祈求遶境賜福給沿途村莊的信徒。

5. 起駕典禮：起駕出發前，董事率領信徒恭請媽祖起駕遶境進香。

6. 駐駕典禮：董監事率領隨香衆人，在奉天宮誦經讀疏，感謝庇佑全體平安抵新港，並叩謝神恩。

7. 祈福典禮：爲所有在鎮瀾宮參加點光明燈、拜斗的信徒舉行祈福儀式。

8. 祝壽典禮：董事率領所有隨行信徒，齊聚奉天宮大殿前，爲天上聖母祝壽。

9. 回駕典禮：回駕前夕，董監事率所有信徒，恭請天上聖母登轎回鎮瀾宮。

10. 安座典禮：天上聖母回到鎮瀾宮登龕安座，恭請媽祖永鎮在宮。

媽祖遶境進香事件行銷，除了上述十種隆重的典禮之外，還有一項非常特別的「鑽轎腳」儀式。「鑽轎腳」又稱爲「稜轎腳」，有移動式和定點式，前者意指信衆趴跪在媽祖遶境的路上，讓媽祖的神轎從身上越過；後者是指利用神轎停駐時，信衆從轎底爬過。希望藉此「鑽轎腳」儀式得到媽祖的庇佑，祈求健康平安，趨吉避凶（註 8）。

媽祖遶境過程中，扮演非常特別人物的「報馬仔」，本著「媽祖的使者，聖母的先鋒」的角色，走在遶境隊伍前方，擔任「探路」及「報信」的任務，告知沿途居民準備香案迎轎，並且傳達「千里跋涉知足長善，一心誠敬感恩惜福」的精神。「報馬仔」並非人人可以擔任，必須經過媽祖的應允，以及獲得廟方董事會同意。

報馬仔的裝扮非常奇特，非常寫實，除了呈現濃濃的民間習俗之外，還帶有深遠的警世意涵（註 9），例如：

1. 身穿黑衣：德高望重。
2. 頭戴紅帽：負責盡職。
3. 單片眼鏡：明辨是非。
4. 八字燕尾鬚：言而有信。
5. 旱菸斗：感恩。
6. 菸草袋：代代相傳。
7. 反穿羊皮襖：知人情冷暖。
8. 手持銅鑼：同心勞心勞力。
9. 肩荷長紙傘：長期行善。
10. 韭菜：長長久久。
11. 錫酒壺：惜福。
12. 壽酒：壽久。
13. 豬蹄：知足。

14. 紅線：千里姻緣一線牽。

15. 捲起褲管一高一低長短褲：不道人長短。

16. 腳生瘡：勿揭人瘡疤。

17. 一腳草鞋，一足赤腳：腳踏實地。

8.7 慶典事件行銷的評估

慶典活動的典禮儀式隨著活動性質、規模大小、舉辦單位、信仰中心…，有注重傳統儀式，尊崇古禮者，有應用科學方法，講究與時俱進者，由於行銷方式各不相同，事件行銷績效評估的觀點也各異其趣。

慶典事件行銷績效評估，可區分爲有形績效與無形績效，如圖 8-4 所示。

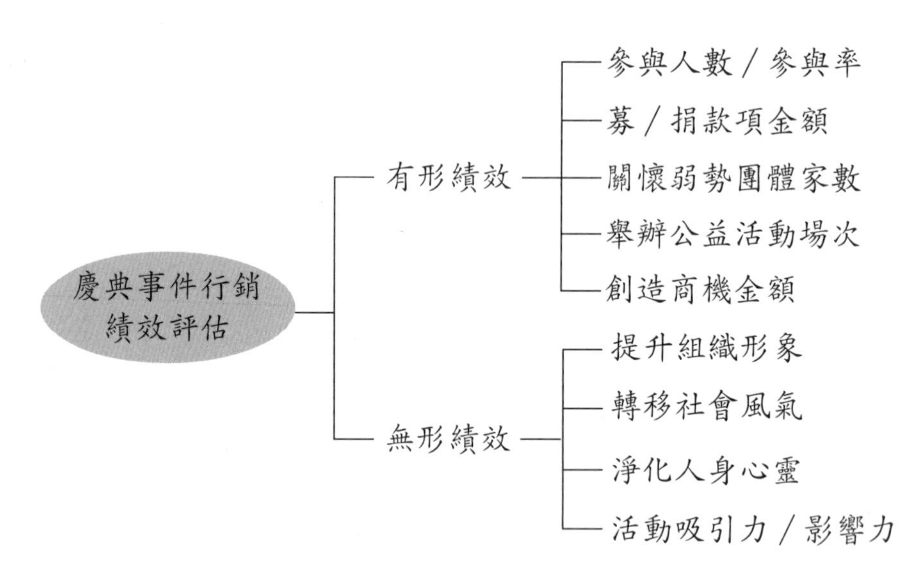

圖 8-4　慶典事件行銷績效評估

有形績效是指可以用數字衡量的具體績效，舉凡活動出席或參與人數，募得款項或捐款款項金額，辦理公益活動場次，成本與收費金額，活動的財務收支，以及所創造或帶動的商機，都屬於有形績效。例如：大甲鎮瀾宮媽祖遶境進香事件行銷，不只是我國最具典型的宗教與民俗慶典活動，同時也是遶境沿途產業鏈重要的一環，九天八夜的遶境活動，所帶動的商機高達30億元，令人稱奇，也令人讚佩。

無形績效是指無法用具體數字衡量的績效，事件行銷除創造有形績效之外，同時還帶有許多特殊意義與貢獻，對改善社會風氣有正面影響效果，常見的無形績效包括提升組織形象與商譽，轉移社會風氣，淨化人身心靈，以及活動的吸引力與影響力。例如：公司行號慶祝創業週年，發起淨灘、植樹、贊助節能減碳、關懷弱勢活動，對改善環境，轉移社會風氣，企業的公關形象，都有正面貢獻。

評估慶典事件行銷績效，可以參照下列五個指標評估之（註10）。

1. 所選擇的地點是否達到最高出席率？該地點對活動經驗有正面影響嗎？

2. 定價結構有助於吸引預期出席的參與者類型與人數嗎？

3. 慶典內容對競爭市場中的潛在參與者有足夠吸引力嗎？

4. 慶典活動的傳播設計有比競爭者更突出嗎？

5. 慶典事件行銷具有熱情、有趣，突顯差異化嗎？

8.8 本章摘要

慶典事件行銷的範圍非常廣泛，慶典內容與儀式各異其趣，本章首先討論慶典的意義與功能，除了探討一般慶典的功能之外，介紹媽祖遶境進香事件行銷的社會功能，達到一般原理與實務應用相互印證的效果。

其次介紹影響慶典事件行銷的七大要素，從廣義觀點討論地點、天氣、競爭、成本、娛樂、媒體，以及其他突發狀況。行銷人員在企劃慶典事件行銷方案時，瞭解這七大影響要素，有助於使企劃案更務實可行。爲使慶典活動順利進行，企劃人員需要研擬一份慶典事件行銷流程表，選定司儀人員掌控流程，使整個慶典活動行禮如儀，順利進行。

接下來引述及介紹我國最具規模的兩項慶典活動，祭孔大典與媽祖遶境慶典事件行銷，前者是國家重要慶典之一，備受重視，後者是民間最受景仰的宗教慶典活動，瞭解不同性質的慶典活動，及其所潛藏的慶典事件行銷意涵。

最後討論慶典事件行銷的績效評估，包括可以用數字衡量的有形績效，以及無法用具體數字衡量的無形績效。

參考文獻

1. 張明玲譯，Preston, Chris A.,著，2014，活動行銷，第二版，頁209。
2. 周明，臺灣媽祖進香活動的社會意義與功能，國立自然科學博物館，館訊，2011年5月，第282期，頁1-7。
3. 同註1，頁214-223。
4. 臺北市孔廟管理委員會，釋奠典禮，https//tct.gov.taipei。
5. 同註4，臺北市孔廟管理委員會，祭孔典禮的程序，https//tct.gov.taipei。
6. 同註4，臺北市孔廟管理委員會，祭孔典禮的程序。
7. 財團法人大甲鎮瀾宮全球資訊網，www.dajiamazu.org.tw，鎮瀾宮朝拜媽祖，進香儀式。
8. 謝世維、黃虹鈞，鑽轎腳宗教儀式，內政部全國宗教資訊網，religion.moi.tw。
9. 維基百科，https://zh.m.wikipedia.org
10. 同註1，頁234。

事件行銷融入民間習俗

事件行銷應用範圍非常廣泛，而且愈來愈多元化，內容也愈來愈豐富，其中許多活動和宗教信仰與民間習俗息息相關，主辦單位結合信仰、娛樂、慶典、社交等多元活動，呈現現代化事件行銷的特色。

宗教信仰事件行銷非常特別，和一般事件行銷有著明顯的差別。一般事件行銷主題或項目已經琳琅滿目，五花八門，例如：運動行銷、贊助行銷、善因行銷、企業活動、會展行銷、會議行銷、社交行銷，以及政府主導的政策宣導行銷，不一而足。事件行銷無論規模大小及時程長短，主辦單位都必須精心策劃，編列預算，萬全準備，透過媒體大作廣告，盡早告知，誠摯邀請目標顧客參與，此外還得擔心參與人數不夠踴躍，落得場面冷清的下場。

英國瑪格麗特皇后大學行銷計畫主持人 Chris A. Preston，認為宗教信仰和慶典事件行銷常常結伴而行，密不可分。人們的信仰基於共同信念，以慈悲、慈善為出發點，大公無私，自願參與盛會，為的就是要追求精神與心靈的安慰。

宗教信仰和人們日常生活息息相關，這一類的事件行銷都會融入民間習俗，激起信徒的虔誠信仰與榮譽感，不僅自動自發，而且是發自內心的虔誠，不僅不遠千里前來參與盛會，甚至視為一種至高無上的榮譽。各地廟宇所舉辦的活動盛會，場面熱烈，人潮洶湧，為事件行銷立下最佳典範。這種融入民間習俗的廟會活動，成為事件行銷的最佳題材。

廟會活動不計其數，各有其歷史淵源與地方特色，而且都是由民間發起與主辦，例如：臺灣最有名者有元宵節鹽水蜂炮活動，臺東炸邯鄲活動，以及每年農曆3月媽祖遶境活動。這些活動的共同特色就是民間習俗每年例行的廟會活動，廟宇公告活動日期、內容、行程後，各地信眾聞訊而自動自發前來參與盛會，甚至有些人每年都來參與，從不缺席，參與盛會的人潮之多令一般事件行銷主辦單位望塵莫及，更令事件行銷規劃人員嘆為觀止。

大甲媽祖遶境活動的祈安大典，堪稱是臺灣最具代表性的宗教慶典活動，也是慶典事件行銷最佳典範與標竿。活動當天廟宇廣場人潮擠爆的場景，用「水洩不通」一詞已經無法形容。膜拜儀式，行禮如儀，民間習俗活動逐一呈現，陣頭絡繹不絕參拜，傳統技藝團體輪番上陣獻藝，在數萬虔誠信徒簇擁下，莊嚴浩蕩的展開遶境之旅，沿途信眾擁擠，虔誠膜拜，人潮絡繹不絕，連警方都派出大批警力維持秩序。

融入民間信仰與習俗的事件行銷有下列幾項值得觀察的特點：

1. 核心理念相同：大公無私，慈悲為懷，廣結善緣，恭逢盛會，虔誠參與。人同此心，心同此理，秉持這種理念的人很多，不但市場廣大，而且不受經濟景氣影響，參與盛會的人潮，每年都在增加。
2. 沒有招募問題：一般事件行銷最感困擾的問題莫過於招募與會人員，擔心招不到足夠與會人士。然而，融入民間習俗的事件行銷，廟宇號召力超強，完全是廣大信眾自動自發，自願熱情參與，完全沒有招募的問題。

3. 預算張羅容易：信眾樂善好施，樂意奉獻，已經成為一種習慣，自願擔任義工，提供傳統餐飲、點心，為的是祈求平安，心安理得，不但視為精神信仰，更是無上的榮譽。
4. 人潮來自四面八方：信眾沒有地域之分，信仰沒有男女之別，參與活動的人潮之多往往超乎預期，這是一般事件行銷所無法相提並論。
5. 政府協助維持秩序：恭逢盛會，人潮洶湧，共襄盛舉，場面歡樂，政府派出警力協助維持活動秩序與安全，足見活動受到重視的程度。

事件行銷廣泛被應用於各種場合，除了造勢活動，增加組織與公司的曝光度之外，配合宗教信仰，融入民間習俗，傳承歷史文化，展現豐衣足食，也是營造安樂和諧社會的一股力量。

（原發表在 108 年 4 月 24 日，經濟日報，B4 經營管理版）

研討問題

1. 慶典事件行銷範圍非常廣泛，內容非常多元，請選擇你最熟悉的一種慶典事件行銷活動，描述其內容與意義。
2. 慶典事件行銷的績效，可分爲有形績效與無形績效，請就上一題所選擇的慶典活動，評估該項事件行銷的績效。
3. 民間習俗事件行銷各具特色，請選擇一種慶典事件行銷，並引伸討論其他特色。

附錄：臺北市孔廟管理委員會（註6）
祭孔典禮的程序與用意

1. 釋奠典禮開始

2. 鼓初嚴　遍燃庭燎香燭

樂、佾生及禮生各序立丹墀兩旁。由樂生敲擊大成門之晉鼓，先擊鼓框一聲，再用雙棰連續敲擊鼓心，節奏由慢轉快由強轉弱，接著由另一樂生重擊大成門前之鏞鐘一聲結束。

3. 鼓再嚴　引贊引陪祭官至丹墀旁序立

由樂生敲擊大成門之晉鼓，先擊鼓框二聲，再用雙棰連續敲擊鼓心，節奏由慢轉快由強轉弱，接著由另一樂生重擊大成門前之鏞鐘二聲結束。

4. 鼓三嚴　引贊引各獻官至丹墀旁序立

由樂生敲擊大成門之晉鼓，先擊鼓框三聲，再用雙棰連續敲擊鼓心，節奏由慢轉快由強轉弱，接著由另一樂生重擊大成門前之鏞鐘三聲結束。

5. 執事者各司其事

禮生按鼓節奏就位。禮生負責協助獻官等在各殿宇進行各項祭典禮儀。

6. 糾儀官就位

糾儀官隨引贊（禮生）立於丹墀東邊前端。

在祭典中，通常由當地民政局局長擔任，職責為隨時糾正禮儀進行時的謬誤。

7. 陪祭官就位

陪祭官隨引贊至大成門前就位。通常由當地政教界人士擔任，立於大成門前陪同獻官祭祀，以示典禮隆重。

8. 分獻官就位

大成殿東西哲、東西配及東西廡先儒先賢等八位分獻官，各隨引贊詣盥洗所，盥洗後立於陪祭官前方，面向大成殿。通常由當地各局室主管或區公所區長擔任。

祭祀時向配饗者（大成殿及東西廡之先賢先儒）分行獻爵獻帛之禮。例如：唐「王勃」拜南郊頌：「玉觴分獻，金錞暢矩」。

9. 正獻官就位

正獻官隨引贊詣盥洗所，盥洗後立於分獻官前方，面向大成殿。由地方首長擔任。

10. 啓扉

開啓櫺星門、大成門。孔廟的櫺星門及大成門中門，平時是關閉的，到了祭孔時才全部開啓。民眾進出需從觀德門，以表示對孔子的尊重。

11. 瘞毛血

執事者捧毛血盤詣瘞所，將太牢之血埋於土中。

12. 迎神

樂奏「咸和之曲」。迎神隊伍由大成門中門進入至天井中央時，通贊唱「全體肅立，行鞠躬禮」，此時全體參禮者同時行禮。在樂聲開始後，由禮生四人提雙燈、雙爐做前導，另由禮生六人持雙斧、雙鉞、扇、繖隨行在後，排列成東西兩行，依序走出大成，迎接孔子神靈降臨，這是以誠敬心情追念聖賢的儀式，所謂敬神如神在，迎神與至門外恭迎貴賓的性質相仿。

13. 行三鞠躬禮

全禮行三鞠躬禮，此時全體參禮者同時行三鞠躬禮。古制為三跪九叩，現行儀節是民國59年由內政部修訂公布實施，改為三鞠躬禮。

14. 進饌

樂奏「咸和之曲」。執事者奉鉶進饌。饌，進饌為呈獻祭品供神靈享用，古代祭祀，事死如事生，所呈現的祭品與生前享受的相同，例如：於神位前設酒、醴、脯、醢、玉帛等告奠神靈。

15. 上香

樂奏「寧和之曲」。正獻官與分獻官，各隨引贊詣各神位前上香。

16. 行初獻禮

樂奏「寧和之曲」後，麾生舉麾，節生舉節，樂舞並起。正獻官至孔子神位前獻帛、獻爵。古代舉行祭典時，初次獻酒為初獻，再次獻酒為亞獻，第三次獻酒為終獻，合稱為「三獻」。例如：舊唐書「率領眾百姓，叫木耐在旁贊禮，升香、奠酒，三獻、八拜。」或稱為「三享」。

17. 行初分獻禮

分獻官各隨引贊詣大成殿東西配、東西哲、東西廡先儒先賢神位前行初分獻禮。

18. 恭讀祝文

樂長唱樂止（舞樂暫停）。通贊唱全體肅立，正獻官隨引贊詣香案前，接著由禮生誦讀祝文。祝文，祭祀時向神明祈禱的文辭，內容包括讚揚孔子的功德，表示願意繼承遺志發揚文化。

19. 行三鞠躬禮

通贊唱全禮行三鞠躬禮，此時全體參禮者同時行禮。樂長唱樂奏（樂舞續起）。行亞獻禮樂長唱樂奏「安和之曲」後，麾生舉麾，節生舉節，樂舞並起。正獻官隨引贊詣神位前行亞獻禮、獻爵、行三鞠躬禮。

20. 行亞獻禮

樂長唱樂奏「安和之曲」後，麾生舉麾，節生舉節，樂舞並起。正獻官隨引贊詣神位前行亞獻禮、獻爵、行三鞠躬禮。

21. 行亞分獻禮

分獻官各隨引贊詣東西配、東西哲、東西廡行亞分獻禮。

22. 行終獻禮

樂奏「景和之曲」後，麾生舉麾，節生舉節，樂舞並起。正獻官隨引贊詣神位前行終獻禮、獻爵、行三鞠躬禮。

23. 行終分獻禮

分獻官各隨引贊詣東西配、東西哲、東西廡行終分獻禮。

24. 總統上香

25. 恭讀　總統祝文

26. 全體行三鞠躬禮

全禮行三鞠躬禮，此時全體參禮者同時行禮。

27. 奉祀官上香

28. 飲福受胙

正獻官隨引贊詣香案前飲福受胙（ㄗㄨㄛ ˋ）。通贊唱：全體肅立。

飲福，祭畢飲供神的酒。指能受神明庇佑，故稱為飲福。例如：北周．庾信《周宗廟歌．皇夏》：「受釐撤俎，飲福移樽。」受胙，胙祭品，（帶皮、脂肪及肉的三層豬肉）。古時祭祀者向神明祈禱，神即將福賜於祭品中，參與祭祀者分享祭品肉或酒等，可以得到神明的祝福。例如：《樂府詩集．卷十二．郊廟歌辭十二．漢宗廟樂舞辭．積善舞》：「飲福受胙，舞降歌迎。」

29. 撤饌

樂奏「咸和之曲」。執事者（禮生）撤饌。

30. 送神

樂奏「咸和之曲」，通贊唱「全體肅立」。送神隊伍至大成殿前天井中央時，通贊唱全體行鞠躬禮，此時全體參禮者同時行禮。恭送孔子神靈離開。

31. 行三鞠躬禮

32. 捧祝帛詣燎所

司祝者捧祝文，司帛者捧帛詣燎所，將祝文及帛燒掉。詣（ㄧ ˋ）到達，燎（ㄌㄧㄠ ˊ）即焚燒。古時籍由燃燒實物，希望神明能夠收到供奉的祭品。帛是絲織品的總稱，可為帛書用來記載文字，亦可為玉帛，敬神的幣。古時祭祀向配饗者分行獻爵獻帛之禮。大祀是最隆重的祭祀，指祭天地、上帝、太廟、社稷、先師孔子等。《周禮·春官·肆師》：「立大祀用玉帛牲牷，立次祀用牲幣，立小祀用牲。」望燎樂長唱樂奏「咸和之曲」，鐘鼓齊鳴。

33. 望燎

正獻官隨引贊詣燎所望燎。

望燎是以誠敬的心情，完成獻禮的程序。

34. 復位

正獻官隨引贊復位後樂止。

35. 闔扉

關閉櫺星門及大成門。

36. 撤班

正獻官、分獻官、陪祭官、糾儀官，相繼隨引贊退，繼為禮、樂、佾生依次按建鼓節奏退。

37. 禮成

釋奠典禮至此，算是圓滿結束。

第9章

建醮大典與事件行銷

9.1　前　言
9.2　建醮的意義與功能
9.3　建醮大典事件行銷的成功關鍵要素
9.4　建醮事件行銷的流程
9.5　埔里建醮大典傳承一百二十年
9.6　建醮大典事件行銷的評估
9.7　本章摘要
參考文獻
個案研究：建醮大典的禮儀與傳承
研討問題

9.1 前　言

建醮大典亦稱作醮、打醮、建醮、造醮或齋蘸，是臺灣民間信仰十分重要且規模龐大的一種宗教活動，尤其是每年入冬後，四處都可以見到各種規模不一的醮典活動，因此民間流傳「立冬之後打大醮」的一句俗諺。

探究建醮大典之所以受到人們重視的原因，除了具有宗教與民俗的意義與價值之外，更重要的是對於臺灣文化具有不可磨滅的貢獻。隨著建醮大典的舉辦，親朋好友可以藉此增進社交、聯誼之功能。此外，建醮大典經常伴隨著多元的文化及娛樂活動，可以吸引龐大的遊客前來共襄盛舉，有效活絡地方經濟發展。

9.2 建醮的意義與功能

9.2.1 建醮的意義

「醮」－本係中國古代祭名，為祭神之意。早在周朝時代，天子為了祭祀上天，以祈求國泰民安，都會定期舉行隆重的祭壇儀式，是為醮之起源。漢末道教盛行之後逐漸演變成「僧道設壇祭神」的專有名詞，其原始意義主要在於祈求風調雨順、國泰民安。道教通俗信仰隨著漢人移墾臺灣被導入與生根後，由於受到閩俗傳統信鬼尚巫之風，以及開拓之際所遭遇「毒霧瘴氣」的影響，建醮目的遂巧妙結合祈神酬恩和施鬼祭魂，成為規模盛大的祭典。

出身埔里的知名臺灣民俗研究學者劉枝萬先生指出：所謂「醮」

的意義，除了以「還願之隆重公祭」爲必要條件之外，還必須具備以下條件：一、必須請道士來主持；二、設道場，舉行道教儀式；三、時間必須延續一天以上（註 1）。

有關建醮類別，一般有三種區分方式：

1. **依照建醮活動性質加以區分**：感謝神明庇佑的叫「清醮」又稱爲「祈安醮」；爲慶祝寺廟或其他建築物落成的「慶成醮」；祭拜瘟神的叫「瘟醮」；超度死於水火亡魂的是「水醮」或「火醮」。此外，尚有爲神明祝壽的「神誕醮」和佛教盂蘭盆會混合而成的「中元醮」等（註 2）。

2. **依照建醮期間長短加以區分**：有一朝醮、二朝醮、三朝醮、五朝醮、七朝醮、九朝醮等。「朝」意指一朝宿，即：一日一夜整整 24 小時，如：三朝醮即三天之意。

3. **依照建醮舉辦頻率加以區分**：概分爲固定及不固定二種，固定者指一定的時間會舉行一次，例如：埔里每十二年舉行一次建醮大典。不固定者指因特殊原因舉行，包括：新廟落成、神民指示（例如：發爐、立筊等）、地方發生瘟疫或不幸事件等。

9.2.2 建醮的功能

大體而言，建醮大典係屬於慶典活動的一環。是以，有關慶典事件行銷具有的六種社會功能，包括：宗教功能、文化功能、政治功能、社交功能、教育功能及經濟功能等，在建醮活動中皆能涵蓋，分述如下：

1. **宗教功能**：建醮大典是臺灣傳統民俗的重要節慶，結合祈神酬恩和施鬼祭魂，而成爲規模盛大的祭典儀式，具備宗教之功能不言而喻。

臺南新營「太子宮」既是宮名，也是庄名，是聚落根據廟宇名稱來取名的典型例子。學界爲釐清宮名、庄名，皆以「太子宮」來稱宮廟，而以「太子宮庄」來稱聚落。新營太子宮建廟最早可追溯到康熙27年，分靈廟遍及全臺各地，每年高達800萬人前來進香，素有全臺「太子爺總廟」之稱。

自創建以來，太子宮有史料可考的建醮大典計有五次。首次是1928年（民國17年／日昭和3年）三朝慶成福醮，第五次則是2018年戊戌科金籙羅天護國九朝謝恩祈安圓醮（註3）。在此之前，太子宮於2016年舉辦丙申科金籙羅天護國九朝慶成謝恩祈安大醮。依據廟方表示：羅天大醮是廟宇建醮儀式中的最高階，特別廣邀來自國內外的廟宇神像，共襄盛舉，一同前來鑑醮，同時申請創造最多道教神尊共聚一堂的金氏世界紀錄。結果在見證官的統計下，包括廟屋頂上的大神尊，總共有16,319尊道教神像，成功創下此項神氣十足的世界新紀錄，堪稱全臺宗教界一大盛事。

2. 文化功能：民間信仰節慶活動是臺灣民俗藝術孕育的溫床，展現臺灣本土文化豐富而多彩多姿的內涵，對臺灣文化具有不可磨滅的貢獻。

臺北市大龍峒保安宮向來有「人文辦廟」的稱譽，特別著重宗教與藝術文化的結合。2003年榮獲聯合國教科文組織亞太區文物古蹟保護獎，2018年列爲國定古蹟。

保安宮自始建以來，經重修二次，從未設醮慶成。1995年進行大規模重修，歷經七年以精雕細琢的傳統工法修復後，奉保生大帝聖諭於2003年農曆5月14日至16日舉辦三朝慶成醮。廟方同時規劃與「保生文化祭」結合，並舉辦相關的文化活動，包括：醮典系列講座、國際攝影名家柯錫杰所攝的保安宮作品展、民俗技藝研習營暨手工藝品展、醮壇藝術導覽等（註4），增添不少文化氣息。

3. 政治功能：建醮大典期間信眾香客來自四面八方，在此同時，政治人物競相參與盛會，爭取認同。是以，建醮自然成爲政治人物爭取曝光的重要舞臺。

新北市樹林濟安宮，建立於清乾隆53年（1788年），奉祀保生大帝，每年的3月15日保生大帝聖誕千秋舉行保生文化祭，當天並舉行遍及整個樹林全區的繞境活動。

2019年適逢濟安宮建廟二百三十年暨東遷百年，特舉辦爲期五天的「東遷百年、五朝清醮」大典，邀請國寶級的米龍大師葉峻男打造臺灣最大的米龍。總統蔡英文、內政部長、立委及地方民代前來參加米龍點睛儀式。此外，另一項重頭戲爲遶境活動。除了濟安宮主祀的保生大帝，也邀集全臺20間宮廟、超過30座神尊一同遶境，新北市長侯友宜及地方民代不分黨派，齊集到場扶鸞起轎。

4. **社交功能：**建醮大典需要投入龐大的人力與物力，並且高度動員居民共同參與。在整個籌備及辦理過程中，經由大家的齊心合作，共同努力達成目標，增進不少社交功能。

臺南市關廟區山西宮依據《臺灣縣志》記載，創建於明鄭時期，主要祭祀關聖帝君，清乾隆27年（西元1762年）由知府重建爲正式廟宇。

1913年（大正2年）修繕完工後，山西宮舉行慶成醮祭，爲山西宮首次有紀錄的建醮儀典。民國47年（西元1958年）舉行的戰後五朝醮典，爲戰後首度王船活動的醮祭。於此同時，確立每隔十二年舉行一科的科年制度，至今未曾中斷。值得一提的是，山西宮與歸仁地區的仁壽宮、保西代天府有「接辦」的情形。除了輪流接辦之外，因三廟交陪深厚，在其中一廟建醮時，其他兩廟必也動員宋江陣、草鞋公、金獅陣、蜈蚣陣等各陣頭相挺，到關廟繞境，爲王船醮「逗鬧熱」（註5），來自不同地區的居民齊聚一堂，增進不少社交功能。

5. **教育功能：**文化深根的建醮大典，是提供學習和教育訓練的最佳場域，具有典型的社會教育功能。

宜蘭縣礁溪協天廟是宜蘭地區重要的信仰中心，也是北臺灣關聖信仰重要的廟宇之一。協天廟建醮盛典，以十二年爲一次做基準，二十四年爲一輪，一輪醮事舉辦完畢，須待六十年，並向關聖帝君請示允許後，始復舉辦清醮盛典。協天廟首次建醮稱爲「清醮」，第二次建醮稱爲「福醮」，第三次建醮稱爲「圓醮」，三次建醮規模相當，皆爲五朝大醮，均立有五壇四柱等九座外壇。

2008 年 12 月 6 日至 10 日，協天廟舉辦「護國祈安五朝圓醮大典」。醮典活動期間，佛光大學的二位學生透過深入及全程的田野調查，蒐集及記錄了眾多珍貴的第一手資料。經由他們親身參與，與人群進行更爲密切的交流與互動，採集到許多的田野資料（包含口述資料），這些珍貴的資料，對於「護國祈安五朝圓醮大典」主題的研究，確實具有相當程度的助益（註 6），充分發揮社會教育的功能。

6. **經濟功能**：建醮活動投入的經濟資源龐大，同時也帶來龐大人潮與商機，活絡經濟的功能顯而易見。

香港太平清醮是村民酬謝神恩、祈求國泰民安的盛大儀式，又以依賴漁業和農業爲生的村民最爲著重。不少鄉村至今仍保留定期打醮的習俗，大部分清醮都稱爲太平清醮，少數則稱爲安龍清醮。

太平清醮活動承傳了不少中國民間風俗及文化，近代的太平清醮更吸引了不少外來人士參觀，如：長洲太平清醮便成爲長洲當地一年一度的的大型活動，每次均帶來大量攝影者、遊客，人潮都擠滿地方不大的長洲，街道變得水洩不通，每次也爲當地商店食肆帶來一定經濟收入，近年更有紀念品發售（註 7），大大促進了長洲地區的經濟發展。

9.3 建醮大典事件行銷的成功關鍵要素

建醮大典牽涉到諸多層面，因此在企劃舉辦一場建醮事件行銷前，需要考慮多項因素，這些因素皆是建醮活動成敗的關鍵，缺一不可。

一般而言，建醮大典事件行銷需要超前部署，及早規劃。除了本書第二章所討論的 7W4H5P 原則之外，探究建醮事件行銷成功與否的因素包括下列各項：籌備縝密、組織完善、經費無虞、活動多元、全民參與、媒體報導等，分述如下：

1. 籌備縝密

大體而言，建醮大典活動由籌備到完成，至少需要花費一年以上的時間。各項準備工作千頭萬緒，一連串的籌備工作都要縝密規劃，次第展開，才能如期如質完成建醮大典活動。

國定古蹟嘉義縣新港奉天宮爲一座歷史悠久，古蹟紛陳的信仰中心，香火鼎盛，分靈遍布全球，每年數百萬香客進香。除了珍貴交趾陶外，廟裡也保留歷代文物與珍貴的民間信仰文化資產。

奉天宮曾經歷日據時期的嘉南大地震，以及 1999 年的 921 大地震的重新整修，當時都沒有舉行大規模的建醮活動。該宮之「思齊閣、懷笨樓暨東西廂房整修工程」於民國 104 年完成，爲此廟方早於 103 年 1 月 2 日成立「新港奉天宮乙未年啓建金籙慶成祈安護國七朝清醮建醮委員會」（建醮時間：104 年 12 月 27 日至 105 年 1 月 2 日），籌備各項醮典暨慶祝活動。爲了睽違一百二十五年的盛大建醮活動，廟方提早於一年多前即開始籌備，召開八次籌備會議，並規劃擁有二十四個分工組別的委員會，來執行整個建醮儀式的運作流程，光是正、副組長階級的人員配置，高達百人之多。由此不難看出，縝密的籌備，是建醮大典事件行銷的首要成功因素。

2. 組織完善

影響建醮大典事件行銷的第二個因素，在於完善的組織。通常在舉行醮典活動前一年，廟方便需要籌組臨時性的醮局，稱爲「建醮委員會」或「醮務委員會」，負責統籌各項建醮事務。在此同時，廟方也要聘請地方長者、民意代表、仕紳擔任重要職務，加強凝聚地方向心力，並藉以宣傳，期使建醮大典順利圓滿完成。

創建於民國 58 年的高雄大發開封宮，當地民衆俗稱包公廟，是臺灣地區主祀包公規模最大的寺廟。爲了順利啓建庚辰年五朝祈安大清醮，提前一年成立了建醮委員會的組織。成員包括：現任正副主任委員、委員、監事、暨地方善信大德等，組成十三人決策小組，負責籌備建醮大典相關事務。

建醮委員會置總幹事、副總幹事及執行祕書各一人，由主任委員對建醮經驗並能熱誠奉獻人士聘任之，以襄助主任委員執行醮務。另爲順利推展各項建醮事務，置總務、財務、醮務、布置管理、公共關係等五部，各部之詳細分工如下：一、總務部：行政、採購、餐飲供應、警衛等四組。二、財務部：募捐、會計、出納等三組。三、醮務部：祭典、備果、斗燈等三組。四、布置管理部：神像鑑醮、壇務、燈篙、平安燈等四組。五、公共關係部：招待、宣傳、狀元、繞境等四組。得力於分工明確的完善組織，建醮大典得以順利完成，功德圓滿。

3. 經費無虞

影響建醮大典事件行銷第三個重要因素，在於經費的籌募與運用。建醮活動的經費需求龐大，充裕的經費來源及通盤的財務計畫，當然是不可或缺的成功要素。

建醮的經費來源，可分爲「斗燈首份」與「丁口錢」兩種，斗燈設於道場內，其名目可多達數百個，且分等級，重要的如：天官首、地官首、水官首等，其中尙有象徵醮域全體信徒的「總斗燈」一個。斗燈首份需按名目的等級，繳納多寡不等的款額。由於信徒對斗燈有著莫大的關切，在認捐時十分踴躍，爭先恐後輸誠，以祈神明降福，是為可靠的財源。丁口錢則是向醮域內的信徒，不分男丁、女口，每人捐獻小額金錢，以資建醮費用，是沿用已久的籌款方式。

高雄旗山天后宮，一般稱爲媽祖廟，是旗山地區的主廟，也是凝聚社區意識的樞紐，目前列爲高雄市定古蹟。民國101年壬辰龍年，天后宮舉辦二朝水火福醮及七朝祈安清醮，合稱九朝醮。活動建醮的經費來源，可分爲「斗燈首份」、「祈安首」與「神明鑑醮」等方式籌款，是所有建醮活動經費收入主要的項目，若仍不足時，由主辦廟宇或發起人墊付。其中，「神明鑑醮」費是建醮活動的主要收入，按各家、各廟宇神明的大小尺寸收費，使各神尊共襄盛舉，同享醮祭舉行而得福分。此外，「祈安首」亦是不能少的收入之一，祈安首是向醮域內的善信不分男丁女口，每戶認一祈安首並捐款小額金錢，以資建醮大典之所需經費。此項「祈安首」，與前述「丁口錢」實有異曲同工之妙。

4. 活動多元

建醮大典事件行銷經常伴隨著多元文化、娛樂活動，一方面保留建醮祭典的宗教民俗傳承；一方面也提供參與者更多的選項，增加建醮祭典的可看性，進而提高民衆的參與意願。

高雄市茄萣金鑾宮創建於清乾隆42年，由於茄萣居民多以捕魚爲生，金鑾宮所奉祀的天上聖母成爲地方的信仰中心，香火鼎盛。「2012年壬辰科五朝祈安王醮」，創新與傳統兼具，是高雄地區代表性的王醮。除了傳統的王醮科儀外，並規劃多元的文化活動。沿途由各藝陣表演，有蜈蚣坪、宋江陣、旗陣、跳鼓、督陣、十二婆姐陣、五虎將、南管、北管陣等 70 餘個傳統與現代創新的陣頭，分庭抗禮，令人目不暇給。

其中，「蜈蚣陣」最具地方特色，吸引不少目光。「蜈蚣陣」又稱「百足眞人陣」或「百足陣」，茄萣則慣稱「蜈蚣坪」。本次有公母二隻蜈蚣，經媽祖旨意諭示採身高 120 公分至 130 公分孩童，扮演南北宋家喻戶曉人物 120 人出陣，據傳它爲媽祖先鋒，具有驅邪逐魔，逢凶化吉、開路解運的能量。値得一提的是，本次廟方特地貼心舉辦一場文昌開智慧活動，讓建醮扮演蜈蚣团的小朋友，除了有媽祖及王爺保佑平安外，更有文昌帝君加持開智慧（註 8）。如此多元的活動規劃，爲本次五朝祈安王醮增添不少特色，深獲各界好評。

5. 全民參與

建醮大典事件行銷的成功因素，除了前述籌備縝密、組織完善、經費無虞、活動多元外，全民的通力合作，高度參與，更是建醮大典活動成功與否的關鍵要素。

南投縣竹山鎭有鑑於歷年天災、水災、地震、交通事故等造成死傷，從明鄭時期迄今三百五十餘年來，首度於民國 106 年 10 月由克明宮聯合其他 8 家宮廟舉辦全鎭性聯合建醮。

竹山建醮活動全鎭 28 里全員參與，共襄盛舉。全鎭從高中到國小等 18 所學校放假五天，家家戶戶也從 22 日至 26 日「茹素禁葷」，以展現誠心，企盼地方平安順遂。鎭內商家營運也跟著大幅調整，所有商家都不販售葷食，改賣素食，連社區老人送餐的菜色，也配合建醮活動全部改爲素菜。民俗專家廖大乙指出：建醮禁葷不殺生，是對大自然與神明的一種敬意，同時也可讓平時大魚大肉的民衆，藉此機會來個「體內環保」，何樂而不爲？

6. 媒體曝光

建醮大典活動的所有訊息需要透過媒體傳達給廣大視聽大衆，在增進事件行銷的效益方面，具有舉足輕重的影響力。近年來，拜科技進步之賜，新興媒體層出不窮，電子媒體、網際網路媒體，成爲後起之秀；另一方面，電視、廣播，以及平面等傳統媒體，仍然魅力未減，必須兼籌並顧，在新舊媒體皆能有效曝光。

來臺已有三百多年歷史的「桃園媽」桃園慈護宮，於 108 年 11 月 15 日舉行三十年一次，爲期五天的「祈安建醮慶典」，祭典範圍涵蓋桃園傳統十五街庄，包括：桃園區、八德區和鄰近的龜山及蘆竹區等。

爲了增加媒體曝光，桃園慈護宮於 10 月 25 日上午在慈護宮廟前廣場舉辦祈安建醮慶典記者會，特別辦理神明素食宴，邀請全國各地媽祖廟主神包括北港媽、新港媽、鹿港媽、白沙屯媽等十二間宮廟天上聖母到場饗宴，並由桃園市政府民政局長湯蕙禎代理市長出席，與慈護宮主委等穿著傳統長袍馬褂一一上菜，十二道素食料理特別由來福星大餐廳主廚親自掌廚並引領出場，揭開三十年才一次的祈安建醮盛典，各大媒體爭相報導，有效曝光。

9.4 建醮事件行銷的流程

建醮大典的場合通常都在莊嚴隆重的儀式下進行，因爲事關重要，意義非凡，衆人矚目，必須做最完整的規劃，不能有任何閃失。

是以，事件行銷人員必須審愼企劃並提出一份流程表或稱程序表，詳細載明建醮大典活動的流程與順序，讓參與人員及其他民衆皆有所遵循。建醮大典流程表扮演建醮活動指針的角色，並做爲整個醮典活動的行動準則。

臺南市萬福庵建於明朝永曆年間，奉祀觀世音菩薩及齊天大聖。其前身為明朝英義伯阮駿之夫人來臺孀居之所，在萬福庵二樓左側廂房仍供奉著阮駿與其夫人之牌位。由於現在的廟宇是民國 61 年才改建而成的，故只有廟前保留古貌的照壁列為古蹟。

2016 年萬福庵舉辦丙申年啓建金籙祈安五朝建醮大典，恭送張府天師、觀音佛祖、玄天上帝回鑾平安遶境。廟方主辦單位事先準備周詳，相關的流程科儀表印刷精美，分送家家戶戶及遠道而來的親朋好友，深受讚譽，詳如圖 9-1 所示。

萬福庵

丙申年啟建金籙祈安五朝建醮大典 科儀表

住址 台南市民族路二段三一七巷五號

首貳境 萬福庵建醮委員會

電話 (06)2200508

科儀項目	國曆	農曆	時間		備註
豎立燈篙	十月二十七日	九月二十七日	四	未時 十三點十五分	
恭請玉皇上帝暨列位眾神香火	十月三十日	九月三十日	日	上午九點	
恭請天師 上帝 佛祖 暨 交誼境列位眾神	十一月六日	十月初七日	日	上午八點	
打火部 送火王	十一月十三日	十月十四日	日	下午兩點	正沖癸巳六十四歲 時沖乙卯四十二歲
恭請天師 上帝 佛祖 暨 主神主會登殿	十一月十三日	十月十四日	日	下午七點	
慶成祈安起鼓	十一月十四日	十月十五日	一	卯時	
發奏表文 祀天旗	十一月十四日	十月十五日	一	科儀連續	
巽安土府插柳招祥	十一月十四日	十月十五日	一	科儀連續	正沖甲午六十三歲 時沖乙卯十八歲
交誼境入醮	十一月十四日	十月十五日	一	下午六點	連續五天
勅水禁壇收斬命魔	十一月十五日	十月十六日	二	科儀連續	
早午晚朝行科	十一月十六日	十月十七日	三	科儀連續	
玉皇啟關補謝	十一月十七日	十月十八日	四	科儀連續	
登枰演教拜進表章	十一月十七日	十月十八日	四	巳時	
通誠正醮	十一月十八日	十月十九日	五	科儀連續	
燃放山燈水燈	十一月十九日	十月二十日	六	下午五點	
普度植福	十一月二十日	十月二十一日	日	酉時	五點開香
恭送交誼境列位眾神	十一月二十七日	十月二十八日	日	上午八點	
謝燈篙	十一月二十八日	十月二十九日	一	未時	正沖戊申四十九歲 時沖乙丑三十二歲
恭送張府天師回鑾	十二月二十五日	十一月二十七日	日		

圖 9-1　臺南市萬福庵丙申年啓建金籙祈安五朝建醮大典科儀表

9.5 埔里建醮大典傳承一百二十年

回顧南投縣埔里鎮建醮大典的歷史沿革，相傳肇始於民國前 12 年（西元 1900 年），迄今已有一百二十年歷史。依據埔里恆吉宮媽祖廟的沿革記載：清朝道光年間廈門商人陳瑞芬，從湄洲天后宮恭請一尊大媽神像起駕隨行保護，入遷埔里後，安奉於名爲「恆吉行」的雜貨店正廳中。由於神靈顯赫，信衆日增，逐漸成爲當地信仰中心。光緒 13 年，陳姓商人遷徙鹿港，捐出「恆吉行」基地及設施，整修並更名爲「恆吉宮」。隨後，因香火鼎盛、信衆漸多，原廟不敷使用，在仕紳謝仕開、李嘉謀、施百川等人倡議募款下，恆吉宮媽祖廟遷至清新里現址重建。廟宇落成時爲求地方平安風調雨順，舉行了埔里地區首次醮祭活動，時年歲次庚子（西元 1900 年）（註 9）。

依據劉枝萬先生《南投縣風俗志宗教篇稿》記載：日治大正元年（壬子，西元 1912 年）8 月颱風成災，恆吉宮媽祖廟廟宇坍毀，乃由地方士紳廣向居民募款，遷建於茄苳腳現址，竣工落成時舉行埔里全境大拜拜。隨後，因埔里發生大地震，恆吉宮重建，於日治大正 13 年（甲子，西元 1924 年）竣工落成舉行第二次慶成醮，皆逢子年。是以，當時負責慶成醮的總理曾經許願，每逢子年舉行大醮，此即埔里地區祈安清醮的由來（註 10）。

此外，埔里建醮的另一項特色，即是三獻清醮。三獻清醮又名「醮尾」，屬於圓醮性質。臺灣民間一般啓建大醮，只能算是一個開始，必須隔一段時間後，另外舉行一個小醮，表示結尾圓滿之意，稱之爲圓醮，三獻醮則屬此類（註 11）。

依據《埔里鎮志》記載：戰後初期民國 37 年首次舉辦祈安清醮，可能因戰後初期經濟比較不穩定，因此祈安清醮不夠盛大，爲彌補此

「普不夠」的缺憾，而在三年後補辦一次「三獻清醮」，從此沿襲成俗（註 12）。

一百二十年來，埔里人虔誠恪遵與神明的約定，每逢子（鼠）年建醮大典，三年後逢卯（兔）年再辦三獻祭典，除因 921 大地震而延後一年外，幾無間斷。誠如民國 73 年（甲子，西元 1984 年）祈安清醮總理吳才先生所言：「幾十年來本鎮從未間斷，這一綿延不絕的歷史，實乃全體鎮民堅強的意識，弘慈的感情和淳良的德性所創成的，這是本鎮的光榮（註 13）。」

有關埔里建醮活動的範圍，包括埔里鎮三十三個里及毗鄰的仁愛鄉南豐村、大同村，提供埔里人操演與實踐地方文化的領域。舉醮時對普渡的重視，與這個地區的社會歷史有關，因應普渡而來的總壇、醮壇與分壇的設置，則使醮儀的舉辦擴及全鎮的區域，而非限於一間廟宇的境域（註 14）。

舉辦建醮大典之目的，主要包括：敬天、拜神及祀鬼。是以，建醮活動期間，必須「豎燈篙」，其意旨在於對天神、地祇、孤魂、幽靈等靈界諸衆明白明示，「此地將行醮祭，此處便是道場」。燈篙豎起之時，衆靈可以望標而降，可謂是建醮活動之開端。另一方面，當醮祭結束後放倒燈篙收拾妥善，表示醮祭結束之「謝燈篙」儀式，兩者首尾呼應，皆是建醮活動不可或缺的重要過程（註 15）。

對埔里人而言，建醮大典是一項非常隆重的宗教盛事。是以，在醮事開始之前，全鎮（含毗鄰的仁愛鄉南豐村、大同村）皆力行「齋戒」及「封山禁水」（不得上山狩獵、砍柴及下水捕魚）的規定，以示虔敬潔誠的心意，同時表彰上天的好生之德。建醮期間全鎮禁屠、禁葷，全體鎮民連續五天茹素。市場上買不到葷食，就連跨國速食店（麥當勞、肯德基）都配合只賣素食。此外，還有許多「不當行爲」，例如：殺生、酗酒、吵架、嫖妓、賭博、偷竊甚至「房事」等，也都視爲「壞事」，期使人人以最潔淨的心來敬奉神明（註

16）。

建醮大典期間，埔里大街小巷張燈結綵、家家戶戶忙碌萬分，就像是在辦喜事一般，同時廣發請柬（稱爲「醮帖」）敬邀各地親朋好友前來作客。舉醮普施功德圓滿後，當晚各家戶敬備平安宴以饗賓客、盡情歡聚；待酒足飯飽、賓主盡歡後，大家作夥一同逛醮壇、看鬧熱，人聲鼎沸、熙來攘往，宛如嘉年華會，甚至比過年還要熱鬧！

提及醮壇，通常是醮祭中最顯眼、最吸引人群的所在。醮壇有內壇、外壇之分，臺灣地區醮祭活動的內壇，大都設在主醮的寺廟之內，而外壇則設在各角頭寬敞的空地上。埔里歷年作醮的內壇（主壇、總壇）設於恆吉宮媽祖廟內，這裡是醮事期間所有科儀進行的地方。外壇包括東、西、南、北四大柱醮壇，形式具有多樣性，美麗而華豔。外壇在形式上和傳統建築有密切關係，通常都模擬宮殿閣樓及寺廟的樣式來搭建，極盡彩繪及雕飾之能事，具備中國宮室建築的特徵（註 17）。

以戊子年祈安五朝清醮爲例：北柱醮壇周邊除了有在地花卉、水果等農作物布置的造型牆外，還有冰雕、寶塔等充滿在地特色的展示；而東柱醮壇現場布置的柳丁巨龍則相當吸睛，周邊還有古式農家生活道具及照片展示，多采多姿。在在展現全鎮居民齊心辦好醮務的濃厚凝聚力，及勤事奉獻的社區營造精神。出版《埔里之光－建醮嘉年華》人稱「李仔哥」的李根本先生（註 18）指出：「籌辦清醮不只在於敬天祭神，重要的是透過此一過程尋求社區及社會力的參與，並展現社區的文化產業與促進產業文化的提升，讓祭儀活動呈顯社區營造精神。」

值得一提的是，南投縣政府及埔里鎮公所也藉著建醮大典展現文化嘉年華的面貌，融入環境保育、健康養生、藝術與知性觀光的概念，陸續規劃舉辦「臺灣之心祈福燈會」、「醮好又醮座」、「花醮」（南投花卉嘉年華）等三場大型活動。

其中，「臺灣之心祈福燈會」以十萬個環保紙燈籠進行點燈祈福，並邀請日本秋田市民眾前來表演「竿燈祭」，成爲國際交流的典範。「醮好又醮座」則由政府機關結合民間生機業者聯合舉辦十五場健康養生公益講座，同時搭配辦理「臺灣節慶文化創意產品特展」，讓藝術家即席創作，小朋友則透過展覽瞭解建醮的知性意涵。取名「花醮」襯托建醮大典的南投花卉嘉年華，在埔里大坪頂舉行爲期一個月的花卉特展，創造了觀光動線，吸收不少外地遊客前來。這些來自在地與官方的合作，促使埔里建醮大典呈現了多采多姿的文化風貌（註 19）。

時至今日，每逢十二年一次的埔里鎮祈安清醮法會，即將於今年（民國 109 年）12 月 2 日至 12 月 6 日舉行（農曆 10 月 18 日至 22 日）。這是埔里人最重視的宗教盛事，包括各家戶收取丁口錢等籌備工作目前已積極展開，除了主壇設在恒吉宮媽祖廟，4 大柱壇址也告敲定，並廣設 63 座分壇，240 多家宮廟參與，埔里公所也計畫結合觀光產業，把握行銷埔里的好機會。相關的祭儀日期與活動，埔里鎮庚子年祈安五朝清醮法會已於 109 年 7 月 15 日正式公告，詳如圖 9-2 所示。

9.6 建醮大典事件行銷的評估

建醮大典活動隨著活動範圍、規模大小、時間長短、主辦單位、參與民眾……，有注重傳統儀式，尊崇古禮者，有因應時代流搭配辦理周邊活動，講究與時俱進者，由於行銷方式各不相同，事件行銷績效評估的觀點也各異其趣。

由於建醮大典係屬慶典活動的一環，相關事件行銷績效評估，似

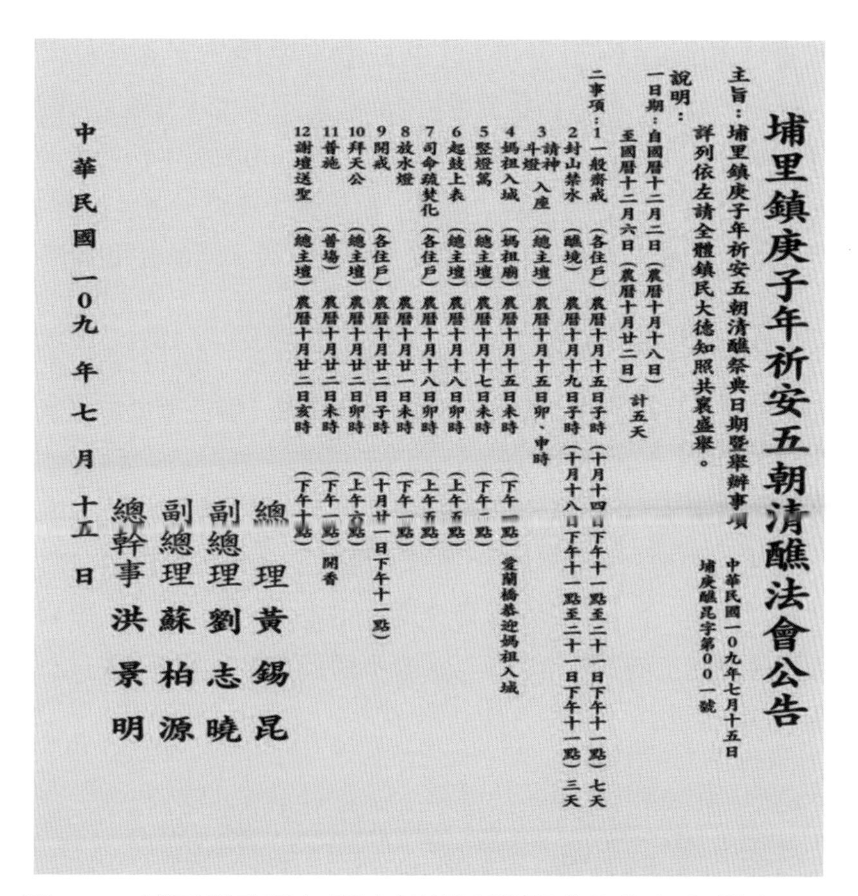

埔里鎮庚子年祈安五朝清醮法會公告

中華民國一〇九年七月十五日
埔庚醮昆字第〇〇一號

主旨：埔里鎮庚子年祈安五朝清醮祭典日期暨舉辦事項詳列依左請全體鎮民大德知照共襄盛舉。

說明：

一日期：自國曆十二月二日（農曆十月十八日）至國曆十二月六日（農曆十月廿二日）計五天

二事項：

1 一般齋戒（各住戶）農曆十月十五日子時（十月十四日下午十一點至二十一日下午十一點）七天

2 封山禁水（醮境）農曆十月十九日子時（十月十八日下午十一點至二十一日下午十一點）三天

3 請神 斗燈 入座（總主壇）農曆十月十五日卯、申時

4 媽祖入城（媽祖廟）農曆十月十五日未時（下午一點）愛蘭橋恭迎媽祖入城

5 竪燈篙（總主壇）農曆十月十七日未時（下午一點）

6 起鼓上表（總主壇）農曆十月十八日卯時（上午五點）

7 司命疏焚化（各住戶）農曆十月十八日卯時（上午五點）

8 放水燈 農曆十月廿一日未時（下午一點）

9 開戒（各住戶）農曆十月廿二日子時（十月廿一日下午十一點）

10 拜天公（總主壇）農曆十月廿二日卯時（上午六點）

11 普施（普場）農曆十月廿二日未時（下午一點）開香

12 謝壇送聖（總主壇）農曆十月廿二日亥時（下午十點）

總理 黃錫昆
副總理 劉志曉
副總理 蘇柏源
總幹事 洪景明

中華民國一〇九年七月十五日

圖 9-2　埔里鎮庚子年祈安五朝清醮祭典日期暨舉辦事項

可援用慶典事件行銷績效評估之作法，區分爲有形績效與無形績效，請參閱本書第八章圖 8-4。

有形績效是指：可以用數字衡量的具體績效，舉凡活動出席或參與人數，募得款項或捐款款項金額，辦理公益活動場次，成本與收費金額，活動的財務收支，以及所創造或帶動的商機，都屬於有形績效。

以戊子年祈安五朝清醮爲例，依據相關媒體報導：埔里鎮十二年一次祈安清醮活動，從上午 8 時起，中潭公路沿線塞車，埔里鎮內各

醮壇更是人山人海。分東西南北中 5 大柱的醮壇，社區均投入數百萬元搭建、妝點，醮壇搭建費用近 3,000 萬元。此外，鎮民大擺流水席，埔里鎮外燴業者根本不夠應付需求，還必須徵調中部地區外燴業者，鎮公所保守估計，全鎮「辦桌」數至少 3 萬桌，每桌花費 3,000 到 5,000 元，光花在流水席經費就逾億元，大大活絡民間經濟（註 20）。

無形績效是指：無法用具體數字衡量的績效，事件行銷除創造有形績效之外，同時還帶有許多特殊意義與貢獻，對改善社會風氣有正面影響效果。

建醮儀式的完成，不僅了償民眾的心願，帶來心神上的安寧，而且，就古代的農村生活而言，還具有娛樂的效果，使民眾在農忙之餘，得以歡樂一番，更促進人際之間的和睦。時至今日，人際關係日趨生疏冷漠的工商業社會中，若大家不鋪張浪費，實亦不失爲一項有意義的交誼活動。

9.7 本章摘要

建醮大典爲地方的大事，也是民間非常重要的宗教慶典活動，尤其是每隔十二年才舉行一次，家家戶戶全員參與的祭典盛事，不但是非常特別的一種民間習俗活動，在文化傳承上具有非常重要的意義與價值。建醮大典不只是一種敬神酬恩的活動，同時也是行銷地方的大好機會，民間人士與地方政府都卯足勁，超前部署，一年前就展開籌備工作，採用事件行銷手法，拉高層級，遵照古禮，擴大舉行，傳承歷史文化。

宗教慶典活動種類繁多，範圍廣泛，本章聚焦於具有特別意義的建醮大典，從歷史文獻回顧幾個地方的建醮經過及大典概況，論述建醮的意義與功能，探討影響建醮大典事件行銷的成功關鍵因素，引述建醮事件行銷的流程，以及建醮事件行銷的績效評估。

今年（2020）適逢埔里建醮大典年，趁著地方人士熱心展開籌備工作之便，蒐集相關資料，融入本書，一方面以領先介紹慶典活動的精彩內容；一方面呈現地方人士以事件行銷手法行銷埔里的用心，一方面對地方人士熱衷傳承慶典文化表示崇高的敬意與謝忱。

參考文獻

1. 劉枝萬，1983，《臺灣民間信仰論集》，臺北：聯經出版公司，頁3。
2. 維基百科，https://zh.wikipedia.org/wiki/%E9%86%AE，醮。
3. 新營太子宮全球資訊網，https://www.taizigong.com.tw/d.html，建醮史。
4. 大龍峒保安宮全球資訊網，https://www.baoan.org.tw/article.php?id=38&lang=tw，慶成建醮。
5. 內政部臺灣宗教文化資產全球資訊網，https://www.taiwangods.com/html/cultural/3_0011.aspx?i=243，關廟山西宮遶境暨工醮祭典。
6. 羅永昌、林智培，「宜蘭礁溪勒建協天廟戊子年護國祈安五朝圓醮大典」田野紀實，佛光大學電子報第12期，2009年6月12日，http://www.fgu.edu.tw/newpage/fguwebs/webs/fguepaper/index.php?pd_id=1820&typenum=121&readonly=1。
7. 維基百科https://zh.wikipedia.org/wiki/%E7%A5%88%E5%AE%89%E9%86%AE，祈安醮。
8. 金鑾宮全球資訊網，http://www.kcjlg.org.tw/index.php?c=celebration&cmid=122，金鑾蜈蚣陣。
9. 潘樵，埔里祈安清醮一百年，潘樵文化工作室，2001年2月28日，頁26-27。

10. 王萬富、鄧相揚，埔里鎮戊子年祈安五朝清醮紀念專輯，埔里鎮戊子年祈安清醮法會，2010年1月，頁36-37。

11. 施懿琳總纂，埔里鎮志，南投縣埔里鎮公所，107年11月，頁759。

12. 王灝、張勝利、埔里鎮立圖書館，宗教埔里—2008建醮百年專刊，埔里鎮公所，96年12月，頁25。

13. 埔里鎮甲子年祈安清醮法會手冊，埔里鎮甲子年祈安清醮法會製，73年歲次甲子，頁1。

14. 梅慧玉，埔里民族誌—戊子清醮篇，國立暨南大學人類學研究所，2009年9月，頁11。

15. 張月昭主編，埔里之光：建醮嘉年華，李仔哥出版公司，96年4月，頁225-227。

16. 林琮盛，十二年一度之約—埔里戊子年祈安清醮民體驗，2008年11月30日，https://chungsheng5913.pixnet.net/blog/post/11999701。

17. 同註10，頁51-52。

18. 依據2019/12/02中國時報楊樹煌記者報導：埔里知名大善人李根本先生，是全國享譽盛名的李仔哥爌肉飯創辦人。埔里鎮12年1次的祈安清醮大拜拜，李仔哥總是熱心參與並出錢出力，因建醮是民間重要習俗，爲保存埔里的文化歷史，他更將埔里鎮籌辦建醮活動的過程、方法與建醮的典故等，彙編成「埔里之光－建醮嘉年華」專書，以作爲未來籌辦建醮的工具書，爲地方文化付出的精神，令人敬佩。2019年12月1日突然因腎臟病變去世，雖然爲他的人生畫下休止符，然其一生的傳奇故事，卻是讓鎮民永遠緬懷且深感不捨。

19. 同註14，頁12。

20. 陳鳳麗，「埔里鎮祈安清醮12年1次全鎮塞爆」，自由時報，2008/12/07。

建醮大典的禮儀與傳承

每星期日晚間，在民視頻道播出的「綜藝大集合」節目，都選擇在全國各地廟宇錄影，除了呈現歡樂、趣味、活潑、精彩的節目之外，也會邀請廟方主管介紹建廟及供奉神明的歷史淵源與典故，傳承善舉，意義非凡，令人敬佩。這些廟宇都擁有長遠的歷史，動輒上百年，司空見慣，香火鼎盛，欣欣向榮，信眾們遍及全臺，孕育著許多感人的故事，成為當地民間信仰中心。廟宇之所以能夠香火鼎盛，代代相傳，應歸功於民俗禮儀的教化與傳承的精神。

《論語》八佾篇第十五有云，「子入大廟，每事問。」或曰：「熟謂鄹人之子知禮乎？入大廟，每事問。」子聞之曰：「是禮也！」朱熹在《四書》章句集注中解釋曰：「禮者，敬而已矣」。以現代用語詮釋：禮者，禮儀、禮數，尊敬、敬重也。凡事窮「禮」以致知，審慎「問」清楚，確認無誤，不失禮節。加上態度嚴謹，懂得尊敬，正是禮的本質體現，也因為充分理解而使得民俗禮儀繼續傳承下去。

一般宗教民俗節慶活動，每年都會恭逢盛會，所以每年都會舉辦慶祝活動，中外皆然，例如：媽祖遶境、關聖帝君誕辰、聖誕節、萬聖節、奔牛節、潑水節⋯⋯。唯一例外的是建醮，每隔十二年才舉辦一次，這是我國民間習俗中非常特別的一種宗教慶典活動，也是行銷地方文化的最佳事件行銷。

建醮或稱作醮、清醮，屬於一種自願性的集體慶祝儀式，每隔十二年才舉行一次，當然要隆重慶祝，祈求闔境平安，事事順利。隨著慶典性質不同，建醮有不同的類別，例如：慶祝廟堂建物落成的慶成「祈安福醮」，定期或不定期舉辦的「祈安清醮」、「慶成醮」、慶成祈安醮」、「圓醮」……，慶祝宮廟或行業神明千秋聖誕的「作三獻」，不一而足。每個地方的風俗習慣不同，建醮大典的規模與慶祝儀式也不盡然相同，但是信眾們傳承該廟宇的傳統精神，慶祝儀式之慎重、敬重，始終如一，恭逢盛事，隆重其事，尊重傳統禮儀，表示對神明的崇高尊敬。

埔里於民國前十二年首次舉行建醮大典，至今已經傳承一百二十年。建醮是一種家家户户自動自發參與的全民活動，在外地工作的鄉親都會返鄉參與盛事，外地前來親臨盛會的親朋好友同事，更不計其數。從社會觀點言，建醮大典是地方大事，各界引頸企盼，恭迎盛事，熱鬧非凡；從宗教觀點言，家家户户虔誠企盼，集體參與慶典活動，敬重神明，心安理得；從商業觀點言，慶典帶來人潮，創造無限商機，繁榮地方經濟功不可沒。

今年（2020）適逢埔里建醮年，地方早已展開籌備，大典盛況可期，活絡地方經濟更受矚目。籌備委員會於6月12日決議，農曆10月18至22日舉行建醮大典法會。齋戒是建醮大典期間的一件大事，從農曆10月15至21日共七天，家家户户自動自發禁食葷食，虔誠迎接十二年一次的神聖大典，農曆10月22開葷。

建醮大典慎重而隆重，將搭建五座美輪美奐的醮壇：主醮壇、東醮壇、西醮壇、南醮壇、北醮壇，醮壇前廣場擺設香案，供家户民眾敬奉祭品，共襄盛舉。祭品中少不了敬備牲禮，表示誠意，甚至有賽神豬競賽。

建醮大典非常隆重，程序慎重，行禮如儀，包括十項隆重慶典儀式：祝告上蒼，建立法壇，豎燈篙，安天地錢，懸掛平燈、門燈，封山禁水、齋戒素食，放水燈、送彩船，拜天公、敬祖先，普渡開香，謝燈篙。

宗教與民俗慶典活動，不乏規模宏大，盛況非凡的慶祝活動，唯獨建醮大典每十二年才隆重舉行一次，錯過了就得再等十二年。建醮大典的禮儀、習俗很多，不見得人人都瞭若指掌，但是恭逢盛事必須尊重禮儀，遵循習俗，只有學習孔子的作法，凡事問清楚，既不失禮節，有可增加知識，更重要的是把這些禮儀用力傳承下去。

研討問題

1. 隨著各地文化及風俗習慣之不同，建醮的習俗也不盡相同，請查閱文獻資料，比較臺北保安宮、臺南太子宮和埔里建醮大典儀式，有何相同與相異之處。
2. 請回憶你的家鄉上一次舉行建醮大典的經過情況，有哪些重要的習俗，這些習俗具有哪些特別意義。
3. 建醮大典中有十項隆重的慶典儀式，請查閱文獻或請教地方長者，這十項儀式的典故及其意義。
4. 請討論建醮大典對傳承民間習俗的貢獻，以及對繁榮地方經濟的影響。

第 10 章

畢德麥雅品牌事件行銷

10.1 前　言

10.2 畢德麥雅品牌事件行銷

10.3 目標市場分析

10.4 電臺：暖身活動

10.5 電視臺：漫步在咖啡館

10.6 遠赴牙買加研究藍山咖啡

10.7 舉辦咖啡高峰會

10.8 舉辦新產品上市發表會

10.9 上華視「世界非常奇妙」節目

10.10 事件行銷成果

10.11 本章摘要

參考文獻

個案研究：1. 品牌要素發酵　提升產品價值

2. 品牌要素的策略價值

3. 品牌與商譽的互補關係

4. 品牌轉換四部曲

研討問題

10.1 前言

品牌形象與定位是品牌管理的重頭戲，公司都會用心型塑良好品牌形象，尋求一個容易和消費者溝通的品牌定位。

黑松公司繼推出易開罐歐香咖啡，在市場上掀起一陣歐洲風格的浪漫旋風，成功型塑「歐香咖啡」品牌形象與定位，廣受歡迎與好評之後，再度投入鉅資拉抬「畢德麥雅」品牌杯裝咖啡的行銷聲勢，採用 100% 牙買加藍山咖啡豆，以需要冷藏的杯裝容器，率先開啓「冷藏、新鮮、好喝」的嶄新市場。搭配最先進的模內印刷技術，以及最精緻的包裝設計，把「畢德麥雅」塑造成「頂級」即飲杯裝咖啡，一杯售價 75 元，創下我國即飲咖啡售價最高記錄，同時也在市場上掀起熱烈討論的話題，媒體競相報導，消費者趨之若鶩。

畢德麥雅（Biedermeier）品牌初創時，規劃的產品項目包括咖啡、紅茶、果汁，後來發現產品項目太多，缺乏共通性，太過分散，無法聚焦，難以操作。經過檢討後決定採用集中化策略，只留咖啡一項，並且傾全力要將「畢德麥雅」塑造成頂級咖啡。透過事件行銷手法，結合多項活動，整合資源，拉高層次，型塑「畢德麥雅」清新、高雅的品牌形象，並且成功的將「畢德麥雅」杯裝咖啡定位爲頂級咖啡。

型塑品牌形象與定位，需要適時、適切的舉辦非常有感的行銷造勢活動。在當時即飲咖啡充斥市場的情況下，前有領導品牌把持，後有新進品牌進攻，競爭非常激烈，要拉抬畢德麥雅品牌的聲勢，確實是一項非常艱巨的挑戰。

畢德麥雅事件行銷安排一系列造勢活動，包括和廣播電臺合作的暖身活動，和電視臺合作製播「漫步在咖啡館」節目單元，邀請記者遠赴牙買加研究藍山咖啡，邀請牙買加咖啡局局長來臺參加新產品發表會，舉辦咖啡高峰會，參加電視臺節目錄影，拍攝畢德麥雅電視廣告影片，和便利超商合作鋪貨行銷新產品。這一系列造勢活動，轟轟烈烈舉辦，成功的爲畢德麥雅品牌塑造清新、高雅的品牌形象，以及頂級咖啡的定位。

10.2 畢德麥雅品牌事件行銷

公司決定將畢德麥雅塑造爲頂級咖啡品牌，必須克服幾個現實問題，首先是脫離既有茶類、果汁的形象，聚焦於杯裝即飲咖啡，其次是在衆多競爭品牌中找到獨特的定位，第三是和自家的易開罐歐香咖啡有明顯的區隔，第四是尋求通路配銷創新，找到創新行銷方法。

爲了克服上述四大問題，公司決定採取非常手段，聚焦於杯裝即飲咖啡，並且塑造成頂級咖啡，於是內容物採用 100% 牙買加藍山咖啡豆，包裝材料選擇最高級、最優良的杯裝材質，配合當時最先進的模內印刷技術，製作成最高級、最漂亮的杯子，奠定最高品質形象，爲定位頂級咖啡鋪路。接著將頂級杯裝咖啡操作成需要全程冷藏，保持新鮮、好喝的咖啡，教導經銷商正確的鋪貨方法。

具備頂級咖啡的基本條件之後，行銷上決定採用事件行銷手法，拉高層級，全面出擊，塑造品牌新形象，拉抬行銷聲勢。畢德麥雅杯裝咖啡以 100% 採用牙買加藍山咖啡豆爲主軸，結合多項大手筆的推廣造勢活動，大陣仗的展開事件行銷，如圖 10-1 所示。

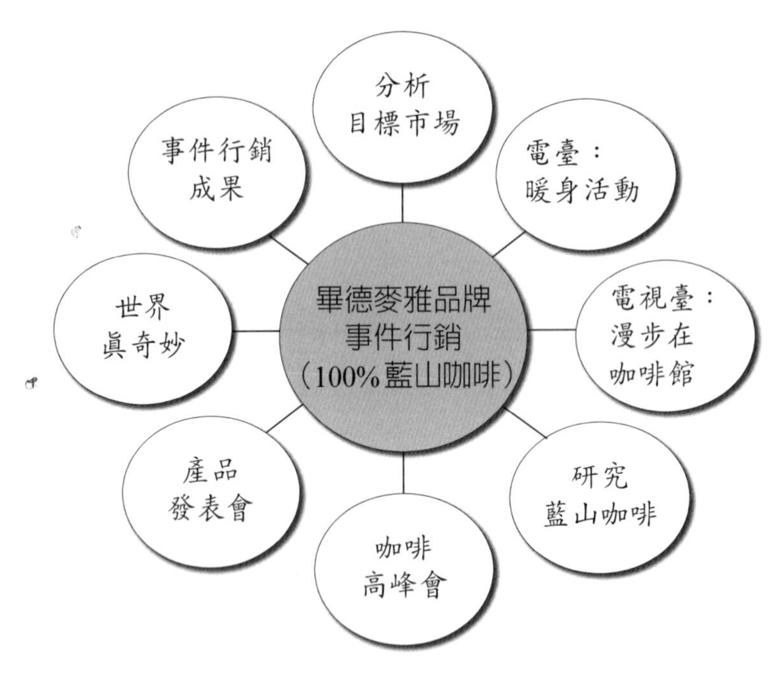

圖 10-1　畢德麥雅品牌事件行銷

10.3　目標市場分析

市場上已經充斥著即飲咖啡，絕大多數都是易開罐裝，包括黑松公司的歐香咖啡，杯裝則只有左岸咖啡，而且都是平價咖啡，每罐／杯售價在 25～35 元之間。公司要再開發一種新品牌畢德麥雅即飲咖啡，首要工作是進行目標市場分析。

利用 STP 技術，從 22～29 歲學生族群與 30～34 歲上班族群的消費者描述與比較分析中，找到並決定以 30～34 歲上班族爲目標市場，將畢德麥雅品牌咖啡定位爲需要全程冷藏，強調新鮮原味、好喝的「頂級即飲咖啡」，每杯售價 75 元。目標市場消費者描述與比較分析，如表 10-1 所示（註 1）。

經過區隔市場，明確的選定目標市場，發展清晰的品牌定位，做爲接下來的事件行銷執行各種造勢活動的準則。

表 10-1　學生與上班族群的消費者描述比較

項目	22～29 歲的學生族群	30～34 歲的上班族群
生活觀	注意流行資訊與熱門新知，關心國內外各類娛樂及流行事物，花心思追求外貌打扮，期望展現自己獨特的風格，對任何事物都抱持感覺至上的心態。	無論是家庭生活或有關金錢的使用，都已有初步規劃，開始渴望有安定的生活，關心個人的身心健康，對生活層面的想法比較踏實。
工作觀	工作資歷不夠深，偶而會對自己的工作能力缺乏信心，但是學習動力很強。	因為經濟不景氣及高失業率所引起的危機感，對工作的看法與態度較趨保守及穩健，對職場生涯已有自己的考量與規劃。
消費觀	考量價格及重視產品的風格與品味，喜歡品嚐異國美食，穿著的裝扮及流行趨勢明顯受到日、韓、歐、美流行資訊的影響。	購物時理性與感性並重，比較喜歡也比較有能力購買名牌產品，偶而會藉著血拼來慰勞自己平日工作的辛勞。
休閒／嗜好／興趣觀	喜歡聽音樂、唱 KTV、玩電腦、上網、看電影，偏愛影音聲光的刺激，希望有機會出國遊學或進修，捨得花錢追求較好的休閒享受。	已經有點經濟基礎，喜歡逛街購物，可以打花時間，也可以紓解壓力，閒暇時喜歡開車到處兜風，偏好比較靜態的休閒活動。

項目	22～29 歲的學生族群	30～34 歲的上班族群
所得運用情形	尚無經濟負擔，多將金錢花在吃喝玩樂、社交應酬或買衣服打扮自己。	有經濟方面的負擔與房貸的壓力，儲蓄、償還貸款、投資的比率提高，應酬、玩樂的花費比率降低。
對資訊與科技的態度	喜歡玩手機，用 Facebook 及 LINE 和朋友聊天、說八卦、交朋友、傳簡訊，交換各種生活資訊，大多數的休閒娛樂（網路遊戲、電視遊樂器、MP3）都和科技產品有關。	為避免資訊焦慮，科技產品成為生活及工作上必備工具，藉著智慧型手機與網際網路建立自己的人脈，也因為過分仰賴科技與資訊，擔心對未來產生負面的影響。
現階段充實與滿足事物	最感滿足的是和朋友在一起，從事自己喜歡的休閒活動；其次是和家人相處和樂，沒有經濟壓力，愛情順利，也能帶來另一種滿足感。	和家人及朋友之間的感情融洽，最能帶來情感層面的滿足，經濟寬裕能夠從事自己喜歡的活動，開始追求心理上的滿足。

資料來源：林隆儀著，2015，促銷管理精論：行銷關鍵的最後一哩路，頁 47-48。

10.4 電臺：暖身活動

暖身活動旨在生起爐火，推出活動，逐步和消費者接觸與溝通，有計畫的升溫，應用傳播學上的 AIDA 原理，引起消費者注意，這也是行銷工作的第一步。

畢德麥雅品牌事件行銷的暖身活動，特別規劃擁有廣大年輕聽眾族群的廣播電臺，選擇和臺北愛樂電臺合作，以 25～35 歲年輕消費群爲溝通對象，在廣播節目中執行三項活動，安排露出畢德麥雅咖啡的先期廣告。

1. **整點報時**：播出「現在時刻 8 點整（18 點整、22 點整），畢德麥雅 100% 藍山咖啡陪伴您品味生活」廣告，每檔 10 秒鐘，前後共執行十一天，共露出 33 檔廣告。

2. **藍山咖啡音樂館**：在金色大道節目中，開闢藍山咖啡音樂館單元，由節目主持人介紹牙買加風情的音樂，並由主持人逐日介紹藍山咖啡的故鄉及相關小故事，共執行十天。

3. **愛樂點唱機**：在愛樂點唱機節目中，聽友上網或以傳眞方式，參加「愛樂點唱機邀你一起尋找與藍山咖啡最對味的音樂」，獲得年輕消費群熱烈迴響，執行七天中，點播聽衆有 116 人。

暖身活動旨在爲事件行銷鋪路，同時也爲後續的造勢活動打前鋒，前後活動密切配合，目標一致，不但增加消費者的期待感，更重要的是創造整體感，對畢德麥雅有一個初步的好印象。

10.5　電視臺：漫步在咖啡館

造勢活動要求有效，必須以創意出衆取勝，大手筆操弄，將多項活動有系統的整合成大型活動，拉高層次，達到塑造品牌形象，拉抬品牌聲勢的目的，給消費者留下深刻而良好的印象。

第二波造勢活動定名爲「漫步在咖啡館」，旨在以視覺呈現方式，執行大型事件行銷。選擇和東森電視臺合作，由東森電視臺派出先遣記者群，到牙買加採訪藍山咖啡相關新聞，製播「漫步在咖啡館」系列節目單元，以報導新聞的獨特手法，每天晚間在播報新聞時間，各報導一則藍山咖啡相關新聞。

「漫步在咖啡館」共製播七集，連續播報七天，由著名新聞主播播報，每天播出一集，每集播報一個主題。這七集「漫步在咖啡館」的主題如下：

第一集：藍山咖啡的生長環境。

第二集：咖啡園管理及咖啡樹生長情形。

第三集：從咖啡採收到製成生豆的過程。

第四集：咖啡品質控管過程與品評技術。

第五集：介紹日本人經營的 UCC 咖啡園。

第六集：達芳大宅及藍山咖啡銷售情形。

第七集：加勒比海沙灘風景及藍山咖啡銷售情形。

繼和愛樂廣播電臺合作的暖身活動之後，「漫步在咖啡館」的大手筆製作與播報，引起社會廣大迴響。透過廣播電臺與電視臺的先期廣告，「藍山咖啡」的特色與印象，在消費者心目中開始占有一席之地，猶如軍事作戰中空軍部隊深入前線執行轟炸任務，效果非常良好。

「漫步在咖啡館」單元活動除了讓消費者瞭解牙買加的地理、經濟、社會、人文、文化等相關訊息之外，同時也介紹藍山咖啡的特色、價值、種植與咖啡園管理，從採收咖啡豆、去果皮及果肉、將果核曬乾、烘乾加工成咖啡豆、分級、包裝等過程，以及介紹咖啡烘焙、沖泡、品嚐等方法。

「漫步在咖啡館」以播報新聞方式做視覺呈現，內容豐富、新奇，加上消費者對咖啡有更深一層的認識，尤其是對藍山咖啡有更完整的瞭解。播出後獲得很大的迴響，消費者對藍山咖啡不但開始感興趣，並且有著深刻而良好的印象。

10.6　遠赴牙買加研究藍山咖啡

喝咖啡已經成為現代人日常生活的一部分，上班途中人手一杯咖啡已是司空見慣，親朋好友相聚免不了喝一杯咖啡，社交聊天、男女約會、洽公談事、討論合約，喝咖啡成為必要禮節與重要節目。但是人們對咖啡相關知識卻所知有限，甚至連咖啡樹長得什麼樣子都沒看過，藍山咖啡為何是世界最高品質的咖啡不是一知半解，就是從未聽聞。

為了增加人們對咖啡知識的瞭解，光靠一家公司的力量微不足道，最好的辦法就是透過媒體記者的客觀報導，從不同角度撰寫文章及報導、發表，加上媒體的傳播力量，才容易達到知識迅速傳播與快速擴散效果。

為了塑造「畢德麥雅」為頂級咖啡品牌形象，為拉抬「畢德麥雅」頂級咖啡的行銷聲勢，公司大手筆、大陣仗邀請 14 位記者，包括電視臺、廣播電臺、經濟報紙、綜合雜誌、攝影、文字等優秀記者，由當時的行銷處長林隆儀領隊，安排十二天的行程，遠赴牙買加研究藍山咖啡相關知識，所有費用全部由公司支付。受邀記者認為親自到牙買加研究藍山咖啡，除了可以大開眼界之外，更有意義的是有嶄新題材可以撰寫與報導，於是個個滿懷喜悅與無比信心。

到牙買加研究藍山咖啡行程，包括拜訪牙買加咖啡局、訪問經濟發展局、考察藍山咖啡農園、參觀咖啡豆日曬場、訪問咖啡豆加工場，安排休閒活動，到首都京士頓附近遊樂區體驗牙買加人的休閒生活，瞭解咖啡銷售及飲用習慣。

1.拜訪牙買加咖啡局

咖啡是牙買加第二大農作物，僅次於蔗糖，也是國家經濟的主要來源，因此設有咖啡局統籌銷售相關事宜。牙買加咖啡採用專賣制度，農民種植及收成的咖啡豆，經過基本處理後，交由咖啡局嚴格把關，按品質分級、認證，訂定不同價格，統一由咖啡局行銷。

牙買加有一座高山取名爲「藍山」，高山地區日夜溫差大，加上雨量充沛，山坡排水良好，整個山頭種植的咖啡得天獨厚的命名爲「藍山咖啡」。其實牙買加所出產的咖啡並非都是藍山咖啡，藍山咖啡有非常明確而嚴謹的定義，只有生長在藍山這座高山，而且海拔4,000 公尺以上的咖啡才能稱爲藍山咖啡，其餘只能稱爲牙買加高海拔咖啡、中海拔咖啡、低海拔咖啡。

咖啡品評師是咖啡品質判定與把關的關鍵人物，品評師需要經過 8 年嚴格訓練，而且通過各種考試及格，取得證書才能勝任品評工作。他們負責品評咖啡豆的外觀、烘焙技術、香味、口感，詳實紀錄，加註評語，詳細討論，確實把關，爲咖啡豆評定等級，才能出廠行銷。一般咖啡豆都採用麻布袋包裝，牙買加出廠的藍山咖啡豆採用美國白木木桶盛裝，給人有一種高檔咖啡的印象，更重要的是保持咖啡風味。

咖啡烘焙是一門非常專業的知識與技術，不同品種的咖啡，烘焙深度各不相同，分爲淺焙（L1）、淺中焙（L2）、中焙（M3）、中焙 +（M4）、中深焙（D5）、義式深焙（D6）。評定咖啡品質採用五種指標：香、甘、酸、醇、苦，一般咖啡品質指標有高有低，參差不齊，只有牙買加藍山咖啡五種指標最佳、最平均。世界各主要品種咖啡的品質特性比較，如表 10-2 所示。

2. 拜訪牙買加經濟發展局

拜訪牙買加經濟發展局，聆聽發展局官員所做的簡報，瞭解牙買加政經、產業、社會、文化，以及咖啡產業政策、產銷數量、貿易狀況。

表 10-2　世界各主要品種咖啡品質特性比較

名稱	產地	香	甘	酸	醇	苦
藍山咖啡	牙買加	強	強	強	強	
聖多斯	巴西	中	中		中	弱
摩卡	衣索匹亞	強	中	中	強	弱
哥倫比亞	哥倫比亞	強	中	中	強	弱

我們對牙買加瞭解比較少，和經濟發展局官員座談，廣泛交換意見，互相瞭解，記者們興致勃勃，提出很多問題請益，獲益良多。官員們強調咖啡品質指標中，咖啡豆新鮮度扮演關鍵角色，咖啡名言Fresh coffee always taste good即指此而言。一般咖啡店所賣的咖啡豆都是半磅包裝，喝完再買，永保新鮮、好喝。

3.考察藍山咖啡園的經營與管理

藍山是牙買加最高的一座山，海拔高6,000公尺，海拔愈高，生長的咖啡品質愈佳。有機會親自登上海拔4,000公尺地帶的藍山，考察藍山咖啡生長情形與咖啡園經營管理，大家都非常期待與興奮。藍山咖啡是阿拉比卡品種咖啡樹，生長在高緯度，高濕度，高山地形，排水良好，日曬充足，雨量豐富，日夜溫差大的高山地區。

藍山咖啡園受到高山地形限制，完全採用人工作業，園內留有較大的樹木，利用這些樹木遮蔭，使咖啡樹維持在陰涼的環境下生長。咖啡園採用「病蟲害天敵」原理的生態管理法，不施化學肥料，不噴灑農藥，道道地地的有機栽培。為使咖啡樹保有健康活力的體質，每隔6～8年分區砍去既有咖啡樹（回切），讓它重新發新芽，確保咖啡樹健壯，咖啡豆產量與良好品質。

成熟的咖啡果實呈現櫻桃色，稱為咖啡櫻桃（Coffee Cherry），採用人工、多次採收作業，即成熟的咖啡果實才採收。採收的果實利用水洗法辨識果實良窳，將果實倒入水池中，良好果實往下沉，不良果實浮在水面，簡單方法即可辨識果實良窳。採收的果實去皮、去果肉做爲有機肥料，果核曬乾，精製成咖啡生豆。

4.參觀咖啡豆加工廠

咖啡豆利用日曬法只能曬乾到90%，因此還需要利用機器烘乾。咖啡豆加工工廠第一項功能就是將咖啡豆徹底烘乾，經過8個月的保存，在風味最佳時再行加工，包括去雜質，去除品質不符標準的咖啡豆，以及根據咖啡豆大小、重量、色澤等進行分級、包裝等後續作業。

咖啡豆加工看似簡單，其實不盡然，自動化設備精良，製程有點複雜，衛生及品管非常嚴謹。完成加工處理的咖啡豆，裝入由白木製成的木桶，標示產地、品牌、製造日期等資訊，準備出廠行銷。

5.體驗牙買加咖啡文化

訪問行程特別安排到達芳大宅，以及加勒比海度假勝地加勒比海沙灘，體驗牙買咖啡文化及瞭解咖啡銷售情形。

達芳大宅是一座中古風味的白色大院，1881年由加勒比海富商所建，現在是國家藝術館，也是牙買加重要的觀光景點，和藍山咖啡的名氣相互輝映。白色大院建築風格獨特，古色古香，別具特色，景色宜人，遊客來此遊玩總是要品嚐一杯道地藍山咖啡，享受悠閒自在的日子。

加勒比海沙灘是中南美洲一處度假勝地，美麗海灘，清澈海水，很多外國遊客來此度假。遊樂區內遊樂設施齊全，一票玩到底，包括遊樂與飲食，提供各國美食，任由顧客選擇，盡情享受，流連忘返。區內有多處喝咖啡的地方，商店銷售各種等級的藍山咖啡。

結束訪問行程回國後，記者們各自從不同角度撰文報導藍山咖啡考察心得及相關消息，炒熱華德麥雅品牌及華德麥雅100%藍山咖啡。例如：《經濟日報》刊出「看好包裝咖啡市場：黑松投入1億元行銷」，民生報報導「杯裝咖啡紅不讓」，人間福報報導「咖啡新鮮貨：畢德麥雅 100% 藍山咖啡」。東森新聞報 Today Mall 報導「來杯咖啡吧／牙買加藍山咖啡珍貴醇品」。網路資訊生活快報報導「打造純金畢德麥雅 100% 藍山咖啡」。

10.7 舉辦咖啡高峰會

咖啡高峰會爲事件行銷另一項造勢活動，邀請牙買加咖啡局局長賀南德茲（Gonzalo Hernandez），以及國內咖啡達人、著名電視節目主持人、咖啡豆供應商、咖啡館經營者，在新光三越大樓第 58 樓舉行「咖啡高峰會」。

會中熱烈討論咖啡文化相關議題，賀南德茲先生介紹牙買加咖啡文化，藍山咖啡的特色，產銷概況及未來展望。與會專家名人參與討論臺灣咖啡產業特色、競爭狀況、市場規模、消費者飲用咖啡習慣，以及咖啡市場的未來展望。

咖啡高峰會開放媒體記者現場採訪，記者們隨後報導活動相關新聞及許多消息，爲畢德麥雅 100% 藍山咖啡事件行銷，掀起另一波造勢高潮。

10.8 舉辦新產品上市發表會

新產品上市發表會，在臺北市遠企中心豪華會議廳舉行，發表會背板以藍色系爲基調，布置得美輪美奐，花團錦簇。邀請美麗大方的著名主持人寇乃馨小姐擔任發表會主持人，邀請牙買加咖啡局局長賀南德茲夫婦，以特別來賓身份來臺參加發表會，並在會上發表演說及致賀詞，介紹藍山咖啡的歷史、生長環境、口味特色、產銷規模、市場概況（90% 銷往日本），看好臺灣咖啡文化正在發展，市場前景可期，因此選擇拓展臺灣市場。新產品發表會，把畢德麥雅 100% 藍山咖啡事件行銷推上最高潮。

發表會現場冠蓋雲集，前來道賀的貴賓、供應廠商、媒體記者、顧客，擠滿整個會場。會上安排一段由主持人教導飲用 100% 藍山咖啡的方法，建議先喝原味畢德麥雅 100% 藍山咖啡，不加砂糖，不加奶精，品嚐藍山咖啡的最佳風味，然後再按個人喜好與習慣，酌加砂糖與（或）奶精。

會後開放媒體採訪與交流，記者們緊緊掌握難得機會，爭先搶著訪問牙買加咖啡局局長及公司相關主管，蒐集相關資料及拍攝活動照片，整個會場顯得熱鬧非凡，對公司大手筆研發及行銷畢德麥雅 100% 藍山咖啡甚感興趣。當天晚報及晚間電視新聞節目播報發表會相關新聞，尤其是針對一杯賣價 75 元的頂級杯裝咖啡的新聞報導最多。新產品發表會活動部分圖片，如附件所示（註 2）。

許多家電視臺將此新聞視爲公共報導處理，報導方式不外乎：「今天有一家知名公司推出一杯賣 75 元的杯裝即飲咖啡，到底什麼樣的咖啡一杯可以賣到 75 元，我們帶您來瞭解……」，接著就是播出當天新產品發表會的實地採訪報導。

第二天各大報社大篇幅報導 100% 藍山咖啡上市相關新聞，接下來幾天曾經訪問牙買加的記者們，緊抓住難得的機會，紛紛撰文報導藍山咖啡的訪問見聞與心得，達到事件行銷的目的。

10.9 上華視「世界非常奇妙」節目

安排牙買加咖啡局局長賀南德茲夫婦上華視「世界非常奇妙」節目錄影，節目背板擺設有牙買加藍山咖啡木桶，場面浩大，非常醒目。接受節目主持人訪問，介紹牙買加人文、地理與藍山咖啡的特色，讚賞黑松公司發展及行銷畢德麥雅 100% 藍山咖啡的創舉。

參與節目歡樂與互動活動，賀南德茲夫婦大方的和現場年輕人共舞，體驗輕鬆愉快的歡樂氣氛。

10.10 事件行銷成果

畢德麥雅 100% 藍山咖啡事件行銷，結合暖身活動、製播電視採訪節目、製作電視新聞報導節目、邀請記者訪問牙買加研究藍山咖啡、舉辦咖啡高峰會、舉辦新產品發表會、參加電視節目錄影接受訪問，拉高層次，創造話題，達到型塑品牌形象的目的。

配合新產品上市，公司拍攝兩部高水準、高意境的電視廣告影片：堅持篇、冰釀篇，獲得很高評價，畢德麥雅 100% 藍山咖啡不但廣受喜愛，甚至成爲頂級咖啡的代名詞。

上市前規劃行銷通路時，一杯賣 75 元的畢德麥雅 100% 藍山咖啡的藍色調性產品造型、特色與行銷計畫，獲得 7-11 的肯定，要求獨家專售。由於事前規劃完整，準備充分，而且事件行銷做得非常成功，未演先轟動，一上市就獲得很高評價，創下一天銷售數千杯的記錄。

10.11 本章摘要

品牌除了代表公司提供給消費者的產品特色之外，也是公司對消費者的一種承諾與責任，公司都非常重視品牌的塑造與管理。品牌爲公司創造價值連城的無形資產，所以公司都樂意投入鉅資創造及維護良好的品牌形象。

新創立的品牌要在消費者心目中，占有一席之地，相當不容易，既有品牌要改變消費者的印象更不容易。畢德麥雅品牌要從咖啡、茶類、果汁，三種分散的印象中，改變爲只聚焦於咖啡產品，面臨重大的考驗。公司瞭解此一考驗，抱持審愼樂觀的態度，決定採用非常手段，採用事件行銷手法，投入鉅資，拉高層級，採用 100% 藍山咖啡做爲操弄的議題，大陣仗的推出一系列的活動，不但成功的改變了畢德麥雅的形象，更可貴的是把畢德麥雅品牌操作爲頂級咖啡的代名詞。

參考文獻

1. 林隆儀著，2015，促銷管理精論：行銷關鍵的最後一哩路，頁47-48。
2. 本章照片由黑松公司提供，畢德麥雅100%藍山咖啡公關推廣活動照片。

1. 品牌要素發酵　提升產品價值

品牌要素（Brand Ingredients, Brand Elements）或稱為要素品牌（Ingredient Brand），是廠商用來識別品牌，塑造品牌差異化的有效工具，也是品牌管理上非常重要的一環。品牌要素是指構成品牌的獨特元素、材料或零組件，使品牌產生強烈識別效果，塑造品牌的良好形象，提高品牌權益，強化公司產品的價值，突顯比競爭產品更優越的基本元素。

品牌策略實務應用可謂五花八門，各顯神通，有些企業品牌嵌入自有的獨特品牌要素，例如：化妝品業者標榜採用科學獨特配方，贏得廣泛的信任與迴響，消費者趨之若鶩；餐飲業者宣稱採用獨門手藝與配料，贏得口碑，因而一舉成名，成為市場的寵兒。有些公司的品牌嵌入其他公司最先進的技術、材料或零組件，贏得市場共鳴，因而提高指名購買率，電腦設備供應廠商標榜採用 Intel 公司所供應的中央處理器，發揮 Intel Inside 的加持效果；汽車公司強調採用 3M 公司所生產的隔熱紙，產生 3M Inside 的增強效益，因為有這些卓越品牌要素的加持，大幅提升了產品的價值，增加顧客指名購買的機會。

品牌要素是行銷策略上非常重要的一招，選對要素會因為策略發酵而產生非常可觀的綜效。精明的廠商看準此一契機，都會善用專業分工原理，在「自製」與「外購」之間做抉擇，也就是在價值鏈活動上動腦筋。認為若市場機制靈活，可以在市場上買到品質更優越，品牌更響亮，成本更低廉的產品（零組件），外購往往是更佳的選擇。

產業價值鏈通常都很冗長，而且牽涉到不同的產業技術領域，要樣樣自己來，事事要求自給自足，實務上不是做不到，就是不符經濟原則。於是有些公司專注於供應具有特色的零組件給下游廠商，這些具有特色的零組件，儼然成為下游廠商的品牌要素。有些公司專精於整合來自不同廠商的零組件，組裝成另一層級的產品，為顧客提供更完整的服務。對供應廠商而言，這些具有特色的「零組件」其實就是它的最終產品。有些公司樂意嵌入供應廠商的產品（零組件）做為品牌要素，不但替供應廠商銷售產品，而且還大做廣告，供應廠商何樂而不為。

一般麵包店都屬於社區型小規模經營事業，受限於專業技術與作業空間，無法採用一貫作業程序，通常都直接購入現成的麵糰，自己則專注於最後階段的烘焙作業，將購進的麵糰烘焙成各種各樣的麵包。南僑公司洞悉麵糰的龐大商機，毅然投入鉅資，大量生產高品質麵糰，供應給全臺各地的麵包店，而且堅持不與顧客爭利的崇高理念，不涉入後段烘焙作業，廣泛贏得顧客信任、尊敬與讚賞。南僑公司供應的麵糰，不折不扣成為下游麵包店業者的品牌要素，全臺各地的麵包店大舉幫南僑賣麵糰，這是多麼高招的品牌策略。

以瓶蓋起家的宏全公司，眼光獨到，勵精圖治，策略精準，成功的實踐企業轉型，從瓶蓋製造進入包裝材料產業，從供應包材轉型為 In Line、In House 的優質合作夥伴，近年來投入鉅資，興建現代化多功能飲料生產線，更上一層樓的涉入飲料專業代工領域。事業版圖擴及中國、東南亞、非洲等地，擁有40多個營業據點，年營業額高達200億元。宏全公司經營升級到專業代工層級，仍然以扮演品牌要素廠商為榮，堅持「成功不必在我，但是成功一定有我」的理念，在食品飲料界享有「宏全 In Side」的美譽。

品牌要素策略旨在借力使力，發揮槓桿效果，猶如站在巨人的肩膀上，藉助獨特、優越品牌要素的光芒，在成功一定有我的孕育下，強化公司產品（品牌）的價值，突顯公司產品（品牌）的差異化，提升公司的品牌權益。

（原發表在108年12月4日，經濟日報，A17經營管理版）

2. 品牌要素的策略價值

品牌要素（Brand Ingredients, Brand Elements），又稱為要素品牌（Ingredient Brand），是廠商在原有品牌基礎上，刻意用來強化品牌識別效果，塑造品牌獨特性與差異化的一種進階工具。

自由競爭市場上，不同品牌名稱的同類產品之多，有如過江之鯽，但是絕大多數都是大同小異，甚至千篇一律，只是品牌名稱不同罷了，不但廠商的行銷策略難以施展，消費者也難以分辨產品有何差異特性。精明的廠商體認到，光靠品牌名稱難以突顯差異化效果，於是應用要素品牌策略，在原有品牌基礎上注入某些「獨特要素」，彰顯品牌的策略價值，增強企業競爭優勢。

市面上要素品牌策略的應用有多種模式，可以歸納為下列幾種類型。

1. **自有獨特要素**：標榜獨特配方（黑松沙士歷時70年仍然一枝獨秀），獨門祕訣（化妝品）、祖傳祕方（中藥）、餐飲手藝（知名飯店大掌廚）。
2. **其他公司要素**：強調藉助其他公司產品的加持，突顯差異性，Intel Inside，3M Inside，專利菌種（LP33、龍根菌、FIN補給飲料含L-137乳酸菌）。
3. **認證保障要素**：利用認證殊榮與商譽，突顯品牌價值，例如：獲得國家品質獎，CNS，ISO，健康食品認證，食品TQF，CAS，SGS，碳足跡查證。
4. **名人設計要素**：標榜全球知名設計師名號，強化品牌差異性，Pierre Cardin（服飾及其他產品）、貝聿銘（建築）、安藤忠雄（建築）、吳季剛（服飾）。
5. **使用獨特材料**：獨特材料也是突顯差異化的工具，S304（不銹鋼），鋁合金（輪胎鋼圈），碳纖維（自行車），非基因改造（農作物）。
6. **特殊意義要素**：有非凡意義的形象加持，突顯品牌的非凡價值，例如：米其林推薦餐廳，高貴、尊榮形象（朋馳汽車），堅固、安全形象（富豪汽車）。
7. **整合不同廠商的零組件**：多種零組件組裝成另一層級的產品（半導體零組件、模組），藥廠級生產設備（自動化無菌生產線）。
8. **情感意義要素**：情有獨鍾的形象，也是塑造品牌差異化的良好題材，波音客機，涵碧樓指定用床，BOSS音響，唯一把「幸福」當做標準配備的汽車。

品牌要素中的「要素」，必須具有稀有性與獨特價值，一方面突顯品牌差異性，為廠商帶來競爭優勢，一方面讓消費者一望即知，而且百般認同，加速購買決策，這樣的要素才有策略意義可言。

品牌要素要有創新思維，注入新能量，防止熵效應，塑造長銷型要素價值，才能永保品牌健康長壽。質言之，要素品牌管理要體會「花若盛開，蝴蝶自來」的道理，只有致力於讓花持續盛開，才能不斷引來蝴蝶青睞。重點在於勤做「讓花盛開」的功夫，不斷尋求新構想，與時俱進，精煉要素的新意涵，發揮要素的策略價值，才能持續彰顯品牌與產品的差異化。

要素品牌是品牌管理的新里程碑，備受廠商重視，有如站在巨人肩膀上，站得更高，看得更遠，借力使力，潛藏無數策略價值，應用之妙，存乎一心。

（原發表在109年6月17日，經濟日報，A15經營管理版）

3. 品牌與商譽的互補關係

羅馬不是一天造成的，品牌不是無意中形成的，商譽絕對不是無緣無故得來的。品牌、商譽都是公司長期投入鉅資，費盡心思，透過行銷與廣告傳播技術，明示或暗示產品或公司的本質與特性，持續不斷型塑而建立起來的，目的是要使公司所提供的產品、服務或理念，在消費者心目中產生明顯而深刻的辨識效果。例如：朋馳汽車（Mercedes-Benz）給人們最深刻的印象是「尊榮、高貴」，富豪汽車（VOLVO）給人留下「堅固耐用，安全可靠」的記憶，凌志汽車（LEXUS）則是「品質優越，值得信賴」的代名詞；九族文化村是適合家庭及結伴暢遊的休閒遊樂場所，微風廣場則是高檔精品購物中心。

有些公司為型塑單一形象，簡化及強化消費者的記憶，主張採取公司名稱和品牌名稱合而為一策略，例如：統一企業、味全公司、義美公司。有些公司創立時，公司和品牌分別採用不同名稱，日常運作上以品牌廣告為主，久而久之使得品牌名稱比公司名稱更響亮，後來毅然決然以品牌名稱取代公司名稱。黑松公司創立時，公司取名為「進馨」，品牌名稱從「富士」、「三手」演進為「黑松」，黑松品牌名稱名聞遐邇，公司名稱卻很少人知道，後來才將公司更名為「黑松」。

公司名稱常被用來型塑企業的良好形象與商譽，此一形象與商譽具有擴散、遞延及移轉等多重效果，可以延伸應用到公司所提供的產品、服務與理念，形成商譽傘效應，這就是企業主張採取公司名稱和品牌名稱合一，而且採用單一品牌策略的理由。這種策略會使品牌在消費者心目中產生漣漪效應，即使公司沒有能耐產銷某一類別產品，仍然有助於新產品迅速進入市場，建立市場地位，這也是採取單一品牌策略的公司樂此不疲的原因。

品牌和商譽都是公司重要的無形資產，在行銷上具有驚人的優勢效果與超強競爭威力。品牌範圍與層次比較狹隘，通常是用在產品或服務的命名，實務操作上有採用單一品牌者，有實施多品牌策略者，各有策略考量及其優缺點。商譽範疇比較寬廣，層次也比較高，通常是指公司刻意塑造給消費者記憶的整體形象。

商譽具有兩項特質，第一是型塑及增進廣大利益關係人，對公司產銷優質產品與服務能耐的認知，讓他們從另一個角度肯定公司經營；第二是建立公司在利益關係人心目中的卓越地位，讓他們以公司的卓越成就為榮。商譽是企業的第二生命，良好的商譽是公司非常寶貴的策略性資源，除了有助於行銷公司的品牌、產品、服務與理念，有利於訂定較高價格，獲取更高利潤，創造卓越行銷績效之外，同時也有助於建構進入障礙，阻止潛在競爭者進入市場。

當消費者無法直接感受到公司產品、服務或理念，只能憑實際經驗體會時，商譽具有特別重要的意義與價值。例如：精品購物中心樂意騰出最佳櫃位，提供給 Cartier、Tiffany、LV、Dior、Burberry 等精品設置專櫃，除了看中這些精品品牌的廣告威力之外，更重要的是讚賞這些精品公司的卓越商譽。卓越商譽不但可以持續很長時日，而且難以被複製或模仿，可以為公司創造持久性競爭優勢，對提高公司股價會有顯著的貢獻。企業經營績效，最後都會一一呈現在公司的財務報表上，許多研究都顯示，公司商譽和財務績效有著正向的影響關係。

品牌與商譽具有互相增強效果，商譽猶如撐著傘的巨人，保護在傘下的眾多產品與服務，品牌就是受到商譽傘保護的代表標的。卓越商譽具有為行銷打前鋒功能，有助於產品、服務或理念的行銷；優勢品牌具有眾星拱月效果，有助於優化公司商譽，兩者具有高度互補關係，儼然是企業創造競爭優勢的兩把利器。

（原發表在 109 年 7 月 21 日，經濟日報，A14 版）

4. 品牌轉換四部曲

品牌是公司重要的無形資產，企業都非常用心在「經營品牌」。世界級成功品牌的身價，往往不是用「價值連城」一詞可以形容，例如：2019 年品牌價值，蘋果電腦 2,342 億美元，拔得頭籌；Google 品牌價值 1,677 億美元，名列第二；Amazon 品牌價值 1,252 億美元，位居第三。

雖說品牌的應用具有前瞻性、永久性，希望在消費者心目中占有及留下一致性的良好形象，然而實務操作上也會遇到「品牌轉換」的問題。品牌為什麼要轉換？如何轉換？這是一個非常嚴肅的問題，也是一個非常棘手的課題。品牌轉換是指改變品牌的名稱或標誌，捨棄原有品牌，改用新品牌。下列三種情形促使企業需要轉換品牌。

1. 找到更好定位

品牌定位是指公司刻意塑造的形象，希望在消費者心目中占有的獨特地位，讓消費者購買時，毫不猶豫的選擇公司的品牌。品牌生命歷程中需要與時俱進，注入新思維，防止熵效應。當公司找到更理想定位時，常常會啓動轉換品牌作業。

2. 發現定位錯誤

公司經營過程中，若發現之前的品牌定位錯誤，和實際操作狀況格格不入，造成公司行銷困擾，引起消費者困惑時，必須迅速啓動品牌轉換工程，懸崖勒馬，避免將有限資源浪費在錯誤的地方。

3. 出售品牌協議

現代企業常因購併而改變品牌定位，買賣雙方洽談交易過程中，品牌是一個重要項目，無論交易內容是否包括品牌，都會衍生品牌轉換的問題。例如：太平洋 SOGO 百貨公司，自 2017 年 9 月 1 日起改為遠東 SOGO 百貨公司。

品牌轉換茲事體大，對行銷活動及品牌使用都會產生重大影響，不是說換就換。面對此一問題，公司都會從長計議，從策略面思考，研擬品牌轉換計畫。品牌轉換就是要改變消費者對品牌的印象，因而需要一段很長的宣傳與適應時間，轉換宣傳與適應期間通常需要二至三年，至於轉換過程，通常都採用四階段方式。

1. **第一階段**：新品牌與原有品牌同時並列使用，原有品牌字體或標誌刻意設計得比較大，具有母雞帶小雞的意義。
2. **第二階段**：新品牌與原有品牌同時並列使用，兩者字體或標誌的規格一樣大，具有品牌一樣好的作用。
3. **第三階段**：新品牌與原有品牌同時並列使用，新品牌字體或標誌比較大，原有品牌字體或標誌比較小，具有品牌交棒的意義。
4. **第四階段**：僅出現新品牌字體或標誌，表示品牌轉換大功告成，完全以新品牌面貌呈現。

品牌轉換是企業經營的重大工程，不只是因為品牌價值高昂，更重要的是在消費者心目中的形象。當公司需要改變品牌形象而進行品牌轉換時，必須先找到更好的方案，然後循著品牌轉換四部曲進程，一個階段接一個階段，逐步完成。

（原發表在 109 年 7 月 28 日，經濟日報，B5 版）

圖 1　新產品上市記者會舞臺（黑松公司提供）

圖 2　畢德麥雅 100% 藍山咖啡產品造型（黑松公司提供）

圖 3　牙買加咖啡局長賀南德茲先生致詞（黑松公司提供）

圖 4　黑松公司行銷處長林隆儀致詞（黑松公司提供）

圖 5　**畢德麥雅 100% 藍山咖啡廣告**（黑松公司提供）

圖 6　**畢德麥雅 100% 藍山咖啡廣告**（黑松公司提供）

研討問題

1. 畢德麥雅100%藍山咖啡採用100%牙買加藍山咖啡做爲要素品牌，邀請國內14位知名記者遠赴牙買加研究藍山咖啡。請討論此一策略的目的，並分析其利弊得失。
2. 要素品牌的應用模式有多種類型，其中以塑造情感意義的難度最高，請找出兩則實際案例，討論其特色與優缺點。
3. 品牌不只是單純的廠商用來識別企業與產品的品牌，還具有許多不可磨滅的策略價值。請討論要素品牌的意義及其策略價值。
4. 品牌轉換是指由現有品牌轉換爲新品牌的過程，請訪問一家曾經做過品牌轉換的公司，討論品牌轉換的實際作法。

國家圖書館出版品預行編目資料

事件行銷概論：原理與應用／林隆儀、張釗嘉著. ——初版. ——臺北市：五南，2020.09
面；　公分
ISBN 978-986-522-221-5（平裝）

1.公關活動　2.行銷管理

496　　109012901

1FSJ

事件行銷概論：原理與應用

作　　者 — 林隆儀、張釗嘉
發 行 人 — 楊榮川
總 經 理 — 楊士清
總 編 輯 — 楊秀麗
主　　編 — 侯家嵐
責任編輯 — 侯家嵐
文字校對 — 許宸瑞
封面設計 — 姚孝慈
出 版 者 — 五南圖書出版股份有限公司
地　　址：106台北市大安區和平東路二段339號4樓
電　　話：(02)2705-5066　　傳　　真：(02)2706-6100
網　　址：http://www.wunan.com.tw
電子郵件：wunan@wunan.com.tw
劃撥帳號：01068953
戶　　名：五南圖書出版股份有限公司

法律顧問　林勝安律師事務所　林勝安律師

出版日期　2020年9月初版一刷
定　　價　新臺幣390元